写给孩子的

《天工开物》

〔明〕宋应星 原著

竹马书坊 编著

穿越古代科技
回望中华文明

罗衣轻裾①

天津出版传媒集团

天津科学技术出版社

图书在版编目（CIP）数据

写给孩子的《天工开物》：穿越古代科技回望中华
文明：全四册 /（明）宋应星原著；竹马书坊编著. --
天津：天津科学技术出版社，2023.7
　　ISBN 978-7-5742-1077-6

　　Ⅰ. ①写… Ⅱ. ①宋… ②竹… Ⅲ. ①科学技术－技
术史－中国－古代－青少年读物 Ⅳ. ①N092-49

　　中国国家版本馆CIP数据核字(2023)第062148号

写给孩子的《天工开物》：穿越古代科技回望中华文明 ：全4册
XIEGEI HAIZI DE《TIANGONGKAIWU》:CHUANYUE GUDAI KEJI
HUIWANG ZHONGHUA WENMING ： QUAN 4 CE

责任编辑：王　璐

出　　版：天津出版传媒集团
　　　　　天津科学技术出版社

地　　址：天津市西康路35号

邮　　编：300051

电　　话：（022）23332695

网　　址：www.tjkjcbs.com.cn

发　　行：新华书店经销

印　　刷：天宇万达印刷有限公司

开本 710×1000　　1/16　　印张 26　　字数 300 000
2023年7月第1版第1次印刷
定价：128.00元（全4册）

同学们好，我叫宋应星，明朝江西人，是一个什么都懂一点儿的"教谕"。所谓教谕，就是官方认证的老师，所以大家也可以叫我宋老师。接下来，我会给同学们讲一讲关于衣服的历史知识。

衣服包括衣裳和服饰，它不仅可以防寒保暖、护佑身体，还是历史发展和社会时尚嬗变的标志。以我们大明朝为例，太祖朱元璋依"上承周汉，下取唐宋"的方针而制定了当时的服饰制度。

首先，我们说一说做衣服的材料。

明代妇女一般穿着衫襦、长裙等，贵族妇女往往还要再加上一件披风，中后期始出现新形制款式，如小立领女装

明代男子的装束示意图

目录

树叶兽皮为衣

宋子曰："人为万物之灵，五官百体，赅而存焉。贵者垂衣裳，煌煌山龙，以治天下。贱者裋褐、枲裳，冬以御寒，夏以蔽体，以自别于禽兽。是故其质则造物之所具也。属草木者，为枲、麻、苘、葛，属禽兽与昆虫者为裘褐、丝绵。各载其半，而裳服充焉矣。"

所谓衣食住行是人生活的基础，为什么"衣"排在第一位呢？难道穿衣比吃饭还重要？这里面可是大有学问呢。

保护身体

　　人是万物之灵，人与动物的区别之一就在于人有羞耻之心，会用衣物蔽体。

　　也正是因为这种羞耻感，促使文明诞生。

　　除遮羞外，衣服还能起到保护的作用哩！一方面，衣服可以御寒，能在一定程度上减轻外物对人体的伤害；另一方面，衣服对当时的早期人类来说还有类似于护身符的驱邪功能，能帮助人们排除心里的恐惧。

　　不过，远古时期的人类还不能像今天的我们这样，制作如此精致且款式多样的衣服，当时的人们只能以树叶和兽皮为材料来御寒防潮。夏天，他们为了阻挡毒辣辣的烈日及暴雨冲淋，便将树叶、野草缠绕在身上；冬天来临，天气寒冷之时，他们则把兽皮披在身上来保暖。

　　随着生活经验和技能的增加，人们渐渐学会制造简单的工具，对生活品质有了一定的追求，便不再满足于简单地披上兽皮和树叶，"爱美之心"由之而来。

远古的时候，人们只能用树叶或者兽皮遮掩身体，抵御寒暑

聪明的山顶洞人

　　三万年以前，在北京周口店一带居住着一群智人，他们被称为"山顶洞人"。这些智人发挥聪明才智，把动物的骨头磨制成针，用来缝衣服；用收集来的羽毛创造性地缝制出"鸟羽帽"；因光脚走路不便，他们还缝制出了兽皮靴，等等。后来，他们又从磨制骨针上得到灵感，开始研究起钻孔技术来，把漂亮的石块、贝壳和动物骨骼等先进行打磨，然后穿孔，穿起来当成项链或作为衣服上的装饰品，好不考究！

最初的缝衣针
是用动物的骨
头磨制的

鸟儿漂亮的羽毛成为人们装饰自己或者显示身份的天然材料

显示身份

　　除了实用性和装饰性，这些衣物上的饰品也表现了穿着者的勇力和技能。他们用野兽的骨骼、牙齿，以及鸟类漂亮的羽毛，既向人们展示自己在狩猎中的卓越业绩，也显示了自己的英武和地位。

　　但树叶和兽皮做成的衣服看久了容易产生审美疲劳，那些爱美的远古女性发现植物的根茎可以染色，于是她们便把不同颜色的植物根茎收集起来，制作成染色剂，五颜六色的远古服饰由此诞生。不得不说，"爱美之心"真是在很大程度上推动了人类的发展呢！

　　中国古代，除了日常穿戴的服饰以外，还有一些满足特殊场合需要的特定服饰，比如礼服。礼服在夏、商两代就已经出现了，从那以后，汉人朝代的皇帝举行大典时，比如祭天地、宗庙，以及正旦（农历正月初一）、冬至、圣节（皇帝生日）等，都会穿上最尊贵的礼服，戴上华丽的冕冠。根据典礼的轻重，皇帝所穿的礼服也分六种不同的规格，它们分别是大裘冕、衮（gǔn）冕、鷩（bì）冕、毳（cuì）冕、希冕和玄冕，总称"六冕"。而到了南北朝以后，就只有帝王才可以戴冕了。

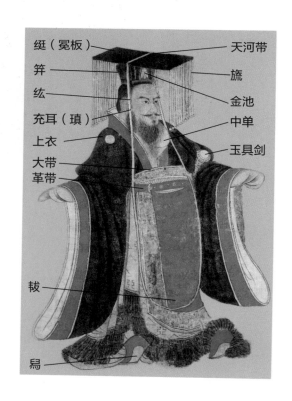

綖（冕板）
笄
纮
充耳（瑱）
上衣
大带
革带

天河带
旒
金池
中单
玉具剑

韨

舄

嫘祖养蚕

宋子曰："凡蛹变蚕蛾，旬日破茧而出，雌雄均等。雌者伏而不动，雄者两翅飞扑，遇雌即交，交一日、半日方解。解脱之后，雄者中枯而死，雌者即时生卵。承藉卵生者，或纸或布，随方所用（嘉、湖用桑皮厚纸，来年尚可再用）。一蛾计生卵二百余粒，自然粘于纸上，粒粒匀铺，天然无一堆积。蚕主收贮，以待来年。"

嫘祖

偶然的发现

　　相传啊，在远古的时候，中条山的北边是一片桑树林，林边有个叫西陵的地方。部落里有个叫嫘祖的姑娘，年轻貌美、聪明伶俐，深受人们的喜爱。

　　有一天，嫘祖在一株桑树下搭灶烧水。她一边向灶下添柴火，一边观望着桑树上白色的蚕虫在吐丝作茧，越看越出神。忽然，一阵大风吹过，一个蚕茧从桑树上掉了下来，跌进烧沸的水锅里。嫘祖怕弄脏了开水，用一根树枝去打捞蚕茧，谁知这一捞、

两捞，蚕茧没有捞起，却捞起一根洁白的长丝线，而且越拉越长，拉个不完。嫘祖又用一根短树枝将丝线绕了起来，绕成一团。

　　嫘祖望着这一团洁白的丝线，忽然，她想起平日里和姑娘们一起用苎麻等植物纤维织布，于是她灵机一动，又采了几颗蚕茧。嫘祖把采集好的蚕茧放在开水中，拉出丝线，按照原来织布的办法，果然织成了一块白白的丝绸，又柔软又漂亮。

古人重视农桑，连帝王家也不能例外

采桑养蚕

　　当时人们穿的都是苎麻制成的衣服，又硬又重，颜色不鲜艳，穿在身上不太舒服。嫘祖摸着这一块软绵光滑的丝绸，心情好不激动！她一开始只是采集野外桑树上的蚕茧，但总觉得这样寻寻觅觅并非一件易事，便开始亲自喂养蚕宝宝，这样它们吐的丝就容易收集起来啦！

　　嫘祖像母亲对孩子一样，每天采摘桑叶，精心照料，蚕宝宝慢慢长大，吐出很多银丝，嫘祖用这些蚕丝织成丝绸，再做成一件件轻薄舒适的衣服。部落里的姑娘们见到丝绸，欢喜万分，都争着向嫘祖讨教制作的方法。嫘祖非常耐心地教她们如何采桑、养蚕、缫丝、制衣。此后，养蚕便在中国流传开来。

　　从此，嫘祖被人们尊为"先蚕"，也就是蚕丝业的始祖呢！

你知道吗?

　　自周朝开始,祭祀"先蚕"就成了上至皇帝下至民间百姓的一项隆重的典仪,而且这种典仪一直延续到了清代。每年的农历三月吉日,皇家还要举行隆重的祭礼呢。

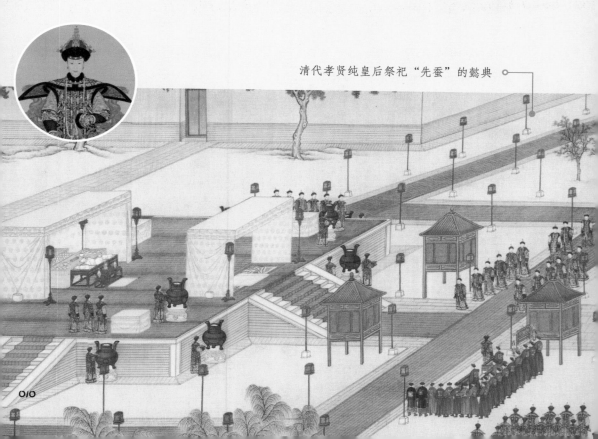

清代孝贤纯皇后祭祀"先蚕"的懿典

古时候，养蚕织锦属于女子的工作

泽被后人

　　上面就是嫘祖养蚕的传说，当然也只是古老的传说而已。其实，养蚕和纺织丝绸是古代人们在长期劳作中创造的，并不是哪一个人的发明。流传了几千年的传说，歌颂的是中国古代先民们的勤劳与智慧，而嫘祖则是这智慧的化身。

　　但是，有了采桑、养蚕、缫丝，织锦就成为古代妇女的专业，逐渐形成了古代"男耕女织"的传统。

　　当时，中国为了垄断世界丝绸贸易，只允许丝绸和蚕丝出口，严厉禁止蚕种出境，如果发现有携带蚕种出境的情况，会被处以灭族的重刑。

　　后来，据拜占庭史书中的记载，公元6世纪时有两个印度僧人来到君士坦丁堡面见查士丁尼皇帝，说如果给他们巨额报酬，他们就会去中国把蚕种及养蚕、缫丝的技术带到拜占庭帝国。

　　查士丁尼答应了这两个僧人的条件，于是这两个僧人艰苦跋涉来到中国。他们以佛教为掩护，向当地的中国民众学习了一整套养蚕和缫丝的技术，然后把大量的蚕卵和桑树种子藏进手杖和行李架里偷偷地带到了欧洲。

细说养蚕

宋子曰:"凡蚕用浴法,唯嘉、湖两郡。湖多用天露、石灰,嘉多用盐卤水。每蚕纸一张,用盐仓走出卤水二升,掺水浸于盂内,纸浮其面(石灰仿此)。逢腊月十二即浸浴,至二十四日,计十二日,周即漉起,用微火烘干。从此珍重箱匣中,半点风湿不受,直待清明抱产。其天露浴者,时日相同。以筬盘盛纸,摊开屋上,四隅小石镇压。任从霜雪、风雨、雷电,满十二日方收。珍重待时如前法。盖低种经浴,则自死不出,不费叶故,且得丝亦多也。晚种不用浴。"

蚕蛾

难以置信！→

　　蚕种在冬天要避免被雪的反光照射到，因为它们一旦遭到雪光的照耀就会变成空壳，这样可就不能孵出蚕宝宝了。

　　同学们有没有养过蚕呢？不管养过没有，现在我就来讲讲古人养蚕的方法，好让大家明白丝绸里的"丝"是怎么来的。

　　每个蚕妈妈（蚕蛾）大约可以产卵200多粒，古人会用纸或布来承接这些蚕卵，然后小心翼翼地妥善放在专门的箱子或盒子里保存。

　　好奇的同学可能就会问了："是不是所有的蚕卵都能孵化出健康的蚕宝宝呢？"

　　这个问题就要涉及"浴蚕法"了。古人通常会先将布满蚕卵的纸或布摊开，用小石块把四角压住，然后任凭风霜雨露吹打12天左右，再收藏起来。经过对蚕种的筛选，淘汰掉那些天生比较孱弱的，这样之后的桑叶就不会被浪费啦。

吃住也要有讲究

　　养蚕的房间最好是朝向东南方向，房屋四周墙壁上透风的缝隙要用纸糊好，遇到天气寒冷的时候，还需要用炭火给蚕室加温。就这样，等到三月初，天气暖和，蚕宝宝就会开始慢慢地探出小脑袋，特别是清明节过后3天，蚕宝宝不再需要衣被覆盖保暖就可以自然地出生啦。

　　刚破壳而出的蚕宝宝小到就跟蚂蚁一样，它们的采食能力还很脆弱，只能喂一些新鲜的嫩桑叶，而且还要把桑叶上的水珠擦拭干净。需要注意的是，喂养初生的蚕宝宝时，要把桑叶切成细条或者撕得碎碎的，这样才能让它们尽情地享受食物。

华丽的蜕变

　　这些小家伙长得特别快，不过几天，它们的身体就会慢慢变长。突然有一天，你会发现这些蚕宝宝不吃不喝也不动了，就像睡着了一般，这是怎么回事呢？

　　大家不用担心害怕，这是蚕宝宝正在换皮。此时要尽量少去打扰、挪动它们，不然很容易导致蚕意外死亡呢。因为蚕蜕皮时，体内发生了很复杂的变化，组织器官还非常稚嫩，所以它们换

蚕换皮时不能被打扰

皮后都会休息一下。

　　蚕的一生要经历4次换皮，所以在养蚕时要好好留意。当蚕宝宝慢慢长大，就需要给它们腾筐了。有些人出于懒惰，不愿意给蚕宝宝腾筐，这样一来，竹筐里堆积的残叶和蚕粪太多了，就会变得湿热，蚕宝宝在这样的环境中很容易生病甚至死亡。

宝宝很娇气

　　养蚕有很多讲究，也要懂得蚕的习性才行。比如蚕既害怕香味，也很害怕臭味。如果厕所的臭味顺风吹来，或者隔壁的咸鱼、不新鲜的肥肉之类的气味传来，往往会把蚕熏死；香炉里点燃的沉香、檀香也能把蚕熏死。遇到这些气味，要赶紧烧一些残桑叶，用烟来抵挡。

　　等到蚕蜕完第四次皮后，就可以直接吃潮湿的桑叶了。要是天晴时候摘的桑叶，还要用水湿润后再去喂蚕，这样之后结出的丝才会更加光泽透亮。大家千万要记住，如果看见早晨有雾，就不要去采摘桑叶了，等雾气散开之后，无论晴天还是雨天，再去剪摘都可以。

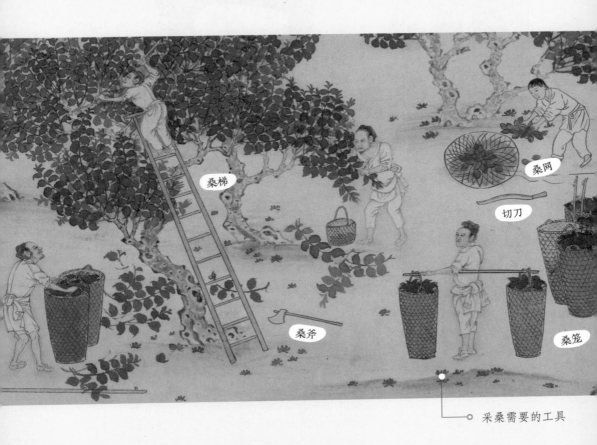

桑梯

桑网

切刀

桑斧

桑笼

采桑需要的工具

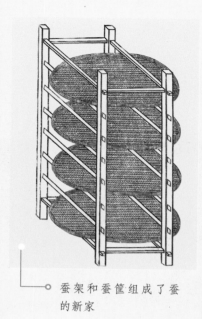

蚕架和蚕筐组成了蚕的新家

婆婆，为什么要分箔呢？

因为蚕长大了，房子不够住的，就该分家喽。

分箔

该吐丝结茧了

当蚕要结茧时，先削竹篾编织成网格状的蚕箔，然后在蚕箔下面用木料搭一个离地大约6尺（2米）左右的木架子，在地面前后左右每隔四五尺①都放置一个火盆，这叫作分箔。

蚕箔上的山蔟，是用切割整齐的稻秆和麦秸随手扭结而

成的，这样做是为了帮助蚕在吐丝时找到支撑点。

蚕喜欢暖和，有了火盆中的炭火"助攻"，它就不会再随意到处爬动，而是会马上开始吐丝结茧了。蚕刚开始结茧时，火盆中的炭火要稍微小一些。当茧衣结成后，每盆炭火需要再添上半斤炭，使温度升高，那么蚕吐出来的丝很快就会干燥，这种丝便能经久不坏。

① 尺：一尺约0.33米。

蚕吐丝结茧将自己包裹起来后，大约经过10天就能够变成蚕蛾破茧而出。雌蛾和雄蛾的数量一般来说大致相等，各自寻找搭档。当雌蛾产卵完成后，蚕的一生也就此结束。等到来年，它们的后代又会开启一轮新的命运。

马头蔟

"上蔟"结茧

团蔟

跟着古人去养蚕

① 浴种　把带蚕卵的纸放在石灰水里浸泡，12天后用微火烘干，收进盒子里，清明节时取出孵化。

② 下蚕　谷雨前后，幼蚕破卵而出，细小如蚂蚁。收蚁蚕时用鹅毛轻拂蚕纸，让它们爬到蚕匾上。

③ 喂蚕　蚁蚕要喂嫩叶并且要切成细丝状。

④ 蚕眠　四五天后蚁蚕开始入睡，之后会马上脱皮。蚕的一生中要经过4次蜕皮。

⑤ 分箔　与幼蚕相比，此时的蚕已经长大了许多，生活空间开始变得狭窄，要进行分箔。

⑥ 采桑　要采集新鲜的嫩桑叶喂养小蚕，同时要及时打扫卫生，保持清洁。

⑦ 大起　蚕渐渐长大，开始拼命地吃桑叶。喂养时要薄饲勤添，保证其成长。

⑧ 捉绩　捉走老蚕，因为此时有些蚕已经老熟，食量减少，无须再大量采桑。

⑨ 上蔟　蚕长到临近吐丝时要事先准备好蔟具，熟蚕会自己爬到蔟上然后吐丝结茧。

⑩ 炙箔　上蔟期间保持25℃左右温度，需要用炭火来烘烤蚕箔。

⑪ 下蔟　蚕农把蚕茧从蔟上收集起来。

⑫ 择茧　采下的茧要分类，防止烂茧污染好茧。

⑬ 窖茧　贮藏蚕茧多用盐泡和日曝，贮茧时间不宜很长，10天左右即可。

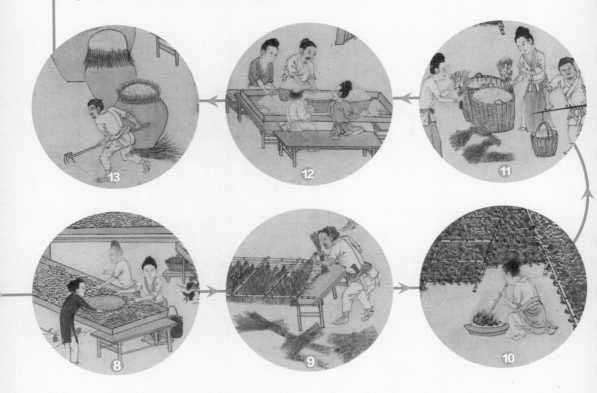

我国古代先民们原来早就发现了"杂交育种"的方法呢！

茧的形状有好几种，但是颜色只有黄色和白色两种，四川、陕西、山西和河南等地有黄色的茧而没有白色的，嘉兴和湖州则正好相反。后来，蚕农们发现，如果将产白色茧的蚕和产黄色茧的蚕放在一起，它们的下一代就会结出褐色的茧。

放在现代科学，这就叫作"杂交育种"。神不神奇？

缫丝啦

宋子曰："凡治丝先制丝车，其尺寸、器具开载后图。锅煎极沸汤，丝粗细视投茧多寡，穷日之力一人可取三十两。若包头丝，则只取二十两，以其苗长也。凡绫罗丝，一起投茧二十枚，包头丝只投十余枚。凡茧滚沸时，以竹签拨动水面，丝绪自见。提绪入手，引入竹针眼，先绕星丁头（以竹棍做成，如香筒样），然后由送丝竿勾挂，以登大关车。断绝之时，寻绪丢上，不必绕接。其丝排匀不堆积者，全在送丝竿与磨木之上。"

缫（sāo）丝就是将蚕茧中的丝抽出来的办法。面对色彩华丽、质感细腻的丝绸，我们很难想象，早在5000多年前，我们的先民就已经开始了丝绸的生产，而缫丝则是这一系列工序中的第一步。

大关车转啊转

缫丝时一定要选择形状圆滑端正的单茧，这样丝绪才不会乱。如果看到有双宫茧（两条蚕共同结的茧），或是由四五条蚕一起结的同宫茧，应该挑选出来另作他用，因为这些茧里的丝都非常粗，用来缫丝的话很容易断头。

浴蚕

知识加油站→

供缫丝用的炭火要选用非常干燥并且无烟的，这样的话，丝的色泽就不会被损坏。为保证丝的质量上乘，古人还有六字口诀：一是"出口干"，就是蚕在结茧时要用炭火烘干；二是"出水干"，因为丝线是从水里捞起来的，所以把丝绕在大关车上，需用盆装炭生火，放在离大关车不远的地方，当大关车飞快旋转时，丝一边转一边被火烘干。

缫丝首要的就是要制作缫车，然后将锅内的水烧得滚开，把蚕茧放进锅中。当煮蚕茧的水沸腾起来，这时再用竹签拨动水面，丝头自然就会出现。将丝头找到提在手中，穿过竹针眼，绕过星丁头（星丁头用竹棍做成，成筒状），再挂到送丝竿，最后接到大关车上。当大关车转起来的时候，还需要些炭火来帮忙烘干这些丝。

这样通过缫丝，就能将蚕丝从蚕茧上剥离开来，并将许多茧丝合在一起，成为有足够长度的生丝，就可以成为纺织加工的原料啦！

择茧很重要

不知道大家有没有注意到，拿来缫丝的茧必须是完好无损的，也就是说不能等到蚕变成蚕蛾破茧之后再去缫丝。因为如果茧破了，那么蚕丝的品质就会大打折扣哦。

当然，把蚕茧放入沸水中时，也就意味着里面的蚕蛹被活活烫死了，这么一想，还是很不忍呢！那么大家可能会问，如果蚕蛹都被活活烫死了，那怎么变成蚕蛾产卵繁衍呢？其实这个并不用担心，因为古人们也早已想到了这一点，所以他们会预留一部分蛹作为蚕种，这样蚕就能一代一代生生不息啦。

择茧就是把不合格的蚕挑出来另作他用

缫丝、纺织过程

❶ **缫丝** 将水烧开后把蚕茧全部扔进去，然后用几根筷子按照一定的方向在锅里边搅动。用筷子头撩起丝头，再将几根丝缠在一起就可以开缫了。

❷ **蚕蛾** 蚕农会留下一部分蚕茧，让蚕蛹孵化成蚕蛾，交配后产卵以保留蚕种。

❸ **络丝** 丝绪整理出来后，把丝套在络笃上。络笃旁边的立柱上安放一根小竹竿，

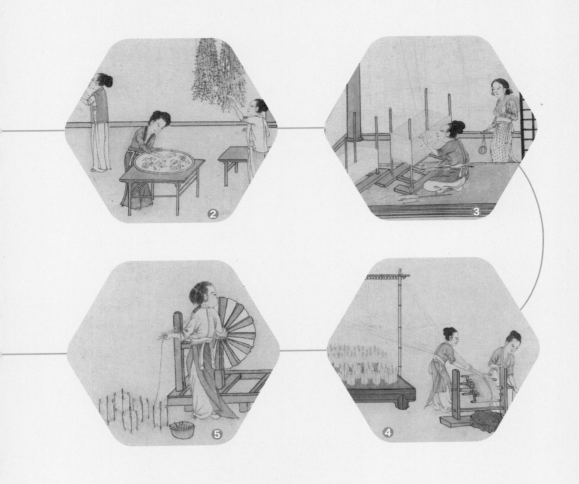

上面装一个月牙钩，丝悬在钩内，手拿篗（yuè）子旋转绕丝，以备牵经织纬时用。

4 整经 将篗子上的丝按需要的长度和幅度平行排列地卷绕在经轴上。整经用的工具叫作经架或绖（zhèn）床，整经形式分为耙式和轴架式。

5 纬络 绕到大关车上的丝，先用水淋湿浸透，然后摇动大关车转锭将丝缠绕于竹管之上。

6 织造 将整理好的经线和纬线放在织机上进行编织，得到想要的长度和宽度的丝织物。

7 提花 用提花机将经线、纬线交错组成凹凸的花纹。这项技术是我们中国人发明的呢。

8 剪帛 将织好的纺织物按照需要的大小裁剪成块，以便做成衣物。

"溜眼掌扇"

  丝绕在大关车上以后，在一根直竹竿上钻出30多个孔，每个孔穿上一个名叫"溜眼"的篾圈。然后把这根竹竿横架在柱子上，先把丝通过篾圈再穿过"掌扇"，然后缠绕在经耙上。当达到足够长时，就用印架卷好、系好。之后在中间用两根交棒把丝分隔成一上一下两层，再穿入梳筘里面。穿过梳筘之后，把经轴与印架相对拉开五六丈^①远。如果需要浆丝，就在这个时候进行；如果不需要浆丝，则直接卷在经轴上，这样就可以穿综筘而投梭织造了。

经耙

溜眼掌扇

---

① 丈：一丈约3.33米。

小纺车大智慧

宋子曰："天孙机杼，传巧人间。从本质而见花，因绣濯而得锦。乃杼柚遍天下，而得见花机之巧者，能几人哉？'治乱''经纶'字义，学者童而习之，而终身不见其形象，岂非缺憾也！先列饲蚕之法，以知丝源之所自。盖人物相丽，贵贱有章，天实为之矣。"

上一章我们讲到如何缫丝，接下来，我就给大家讲一讲古代纺织技术不断进化的历史。

纺坠

将松散的丝线拧成线条拉细并加捻成纱的过程就是纺纱，目前我国已知最早的纺纱工具是纺坠。有多早呢？大约可以追溯到7000多年以前的新石器时代了。

尽管纺坠的结构十分简单，但工作原理却非常科学。它巧妙地利用自身重力和旋转时产生的力做功，使乱麻似的纤维被牵伸加捻，从而撮合成纱线。纺轮的外径和重量，是决定纱细度的关键因素。如果纺轮的外径和重量较大，转动的惯性也比较大，则纺成的纱较粗；纺轮外径、重量较小的，转动惯性小，转动的时间长，所以成纱较细且比较均匀。大家记住了吗？

纺坠的出现，不仅改变了古代早期社会的纺织生产，对后世纺织工具的发展也有非常深远的影响，作为一

纺坠

种简便实用的纺织工具，一直沿用了几千年。

手摇纺车

在用纺坠纺纱时，由于人手每次搓捻坠杆的力量有大有小，使得纺坠的旋转速度时快时慢，这样纺出的纱线就很不均匀。为了提高纺纱的速度和质量，人们不得不创造新的工具，于是手摇纺车出现了。

木架

绳轮

手柄

常见的手摇纺车是由木架、锭子、绳轮和手柄四部分组成

宋代的纺车轮轴口固定有一块星形木板，锭子就装在上面并从反面伸出，用绳弦将绳轮和锭子相连。操作过程中需要两人配合才能完成，一人手摇木轮，另一人在前导引丝线。

与纺坠相比，手摇纺车生产效率更高，能够更高质量地加捻粗细不同的丝线，而且结构简单，操作方便，一直被广泛使用。

脚踏纺车

虽然与手摇纺车的工作原理相同，但脚踏纺车在结构上有了很大改进，使得驱动纺车的力的来源由手变为脚。脚使出的力通过增添的踏杆、凸钉和曲柄等，带动绳轮和锭子，做连续的圆周运动，从而解放了双手。

另外，使用手摇纺车，由于需要一手摇动纺车，一手从事纺纱工作，很难较好地控制细短的丝线，纺纱时容易互相扭结，造成纱粗细不均匀。而脚踏纺车则完美地弥补了这些缺陷，用双手

小纺车

进行纺纱或合线，生产效率大幅度提高。

最关键的是，它只需要一个人就可以完成纺纱的工作，成本得以大大降低。

你知道吗？

脚踏纺织机可是织机发展史上一项重大发明呢！以纺织平纹织品为例，就比原始织机提高了40多倍，每人每小时可以织布0.3～1米。

水力大纺车

接下来，我要给大家介绍的是大纺车。之所以说它"大"，那是因为这可是一种有几十个锭子的纺车哦！

唐宋时期，社会上对纺织品的需求大幅度增加，所以出现了许多脱离农业生产而专门从事手工纺织生产的劳动者。在这样的情况之下，大纺车应运而生，可以适应大规模专业化的纺织。

大纺车有什么好处呢？

以前，无论是手摇纺车还是脚踏纺车，每天最多只能纺纱3斤，而大纺车一晚上就可以纺纱100多斤，是不是特别厉害！

但是，用人力摇动大纺车是一项非常繁重的体力活儿，时间一长任谁都受不了。后来啊，在水力资源比较丰富的地方，就出现了以水力为动力来驱动的大纺车，这就是水力大纺车。

　　无论中外，古人都曾经智慧地利用自然之力来助力生产活动。

　　单就想到用水力作为原动力来驱动纺纱机这一点来说，那可是我国古代先民了不起的发明，至少要比西方早了400年呢。除了水力大纺车外，水碓、水碾、水磨等同样用到了水的推力，是不是棒棒哒！

水碓

中国丝绸风靡欧洲

宋子曰："凡工匠结花本者，心计最精巧。画师先画何等花色于纸上，结本者以丝线随画量度，算计分寸秒忽而结成之。张悬花楼之上，即织者不知成何花色，穿综带经，随其尺寸度数提起衢脚，梭过之后居然花现。盖绫绢以浮经而现花，纱罗以纠纬而现花。绫绢一梭一提，纱罗来梭提，往梭不提。天孙机杼，人巧备矣。"

古代的欧洲人习惯穿亚麻和毛呢，而中国的丝绸质地轻盈、精细，两者相比，中国的丝绸无论是在色泽还是在触感方面都超出了西方衣料一大截，所以古代欧洲人才把中国生产的丝绸看成是特别珍贵的宝贝。早在公元前4世纪时，希腊文献里将中国称作"赛里斯"（Seres的音译），本意是"蚕与丝"，也就是蚕丝之国。可见当时就已经有中国的丝绸传入希腊了。

皇帝的新衣

古罗马皇帝恺撒听说了关于中国丝绸的事情后，他也用中国丝绸为自己制作了一件丝袍。有一次他穿着这件丝袍去看戏，尽管当时的演出十分精彩，但观众们都将目光集中到了恺撒一个人的身上。人们纷纷议论，他是从哪里得到如此华贵、光艳亮丽的衣服。中国丝绸顿时引爆了整座剧场。

此后，丝绸在古罗马掀起的热潮，丝毫不亚于当今路易威登、爱马仕、卡地亚等这些大牌的影响力。能够穿中国丝绸制的衣服，成了当时罗马贵族社会的时尚之一。

甚至于为了得到中国的丝绸，两国之间打一仗又有何不可呢！

中国丝绸被欧洲人称为"东方绚丽的朝霞"

为丝绸而战

公元408年，哥特人围攻罗马城，罗马人求和。哥特王表示：想让我们撤退可以，拿出4000件丝绸制作的短袍来！罗马人还真就在短短的时间内找到了足够的丝袍，换来了暂时的停战。可见当时的丝绸对于古罗马来说，大概就像现在的石油对于中东一样，已经动不动就会影响到国家命运了。

丝绸因为美轮美奂的色彩和风情万种的韵味，被欧洲人称为"东方绚丽的朝霞"，受到欧洲上层女性们的追捧。丝绸还有一个独特之处，那就是行走时会发出轻轻的丝鸣声，在当时欧洲的社交场合，这种丝鸣声还是贵族女性展示魅力的重要手段呢。

相传，公元前53年，古罗马帝国"三巨头"之一的克拉苏因为在国内政治斗争中输给了竞争对手，一气之下带领大军向东边的帕提亚王国宣战。在一次重要战役中，帕提亚人突然展开一面面鲜艳的军旗，在明晃晃的太阳底下挥舞着，晃得罗马人军心大乱，仓皇溃逃，而克拉苏本人也在这次战役中牺牲了。据说，那些鲜艳的旗帜就是用罗马人以前从来没有见过的丝绸做成的，这大概是罗马人第一次见识到中国丝绸，只是没想到结果却是那么惨烈。

提花机，历史大发明

宋子曰："凡花机通身度长一丈六尺，隆起花楼，中托衢盘，下垂衢脚（水磨竹棍为之，计一千八百根）。对花楼下掘坑二尺许，以藏衢脚（地气湿者，架棚二尺代之）。提花小厮坐立花楼架木上。机末以的杠卷丝，中用叠助木两枝，直穿二木，约四尺长，其尖插于筘两头。

"叠助，织纱罗者，视织绫绢者减轻十余斤方妙。其素罗不起花纹，与软纱绫绢踏成浪梅小花者，视素罗只加桄二扇。一人踏织自成，不用提花之人，闲住花楼，亦不设衢盘与衢脚也……"

中国产的丝绸之所以能够独领风骚，深受世界各地，特别是欧洲贵族的喜爱，这一切还要从那架小小的提花机说起。

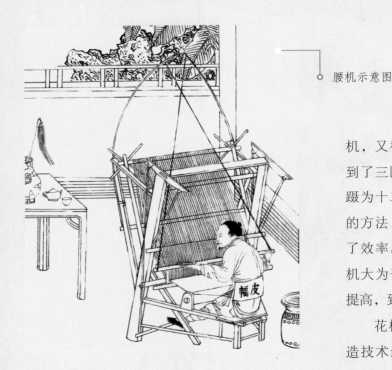

腰机示意图

机，又称花楼或束综提花机。到了三国时期，马钧改六十综蹑为十二综蹑，再用束综提花的方法，既方便了操作又提高了效率。唐代以后，花楼提花机大为普及，经过几代的改进提高，到宋元时已臻于完善。

花楼提花机是我国古代织造技术最高成就的代表。它最大的特点是靠花本储存提花信息并可以重复使用。它突破了以往织机只能以综片提升经线的旧框框，使可灵活提升的经线数量大大增多，织制织物不再受织机综片数量的束缚，能够随心所欲地设计织物花纹。

给丝绸装点美丽

在没有发明提花机以前，古人常用挑花杆在丝绸上挑织图案，但是效率很低，而且很容易出现花纹良莠不齐的情况。

如何才能得到质量稳定的成品呢？聪明的古人发明了多综多蹑式提花机和花本式提花

原来是做比成样

　　花楼提花机分化成大花楼提花机和小花楼提花机两种机型。两者的主要差异是：前者可织制各种大型复杂的纹样，后者织制的纹样相对来说简单一些；前者提花纤线多达2000根以上，后者提花纤线仅1000根左右；前者因其花本太大只能环绕张悬，后者的花本只需分片直立悬挂。

　　提花机分成两段，通长一丈六尺（约5.3米），机上高起的部分叫花楼，中间托着衢盘，下面垂吊着衢脚。衢脚是用加水磨滑的竹棍制成的，对着花楼的地下挖一个二尺（约0.6米）深的坑，用来藏放衢脚，在潮湿的地方，可架二尺高的棚代替。织造时上下两人配合，一人为挽花工，坐在三尺（1米）高的花楼上挽花提综，一人踏杆引纬织造。

　　当然，在花楼机织工和提花工工作之前，还需画匠依据客户在花样、规格、纹格题材方面的要求，将花纹设计出来并画在图纸上。图纸到达提花工那里后，需要算好大小，仿照样式，参考样稿的风格和衣料部位，将原稿放大，并依据花纹尺寸和丝线密度进行计算，给出供上机使用的意匠图。

　　织花的纹样张挂在花楼上，即便织工不知道会织出什么样的花式，只要穿综带经，按照织花纹样的尺寸、度数，提起纹针，穿梭织造，图案就会呈

提花技术让中国丝绸独领风骚

现出来了。

由于花纹普遍具有对称性，所以在提花时，工匠可以利用花本自身所具有的单元化和可复制性，通过"倒花"工艺将局部勾连成一个整体。

花机后端有一卷丝用的杠（经轴），中部有两根打箅用的叠助木（压木），两根叠助木上各垂直穿一根长约四尺（约1.33米）的木棍，棍尖插入箅的两头。为使叠助木的冲力大，前一段机身水平安放，自花楼朝织工的一段机身则向下倾斜一尺左右。

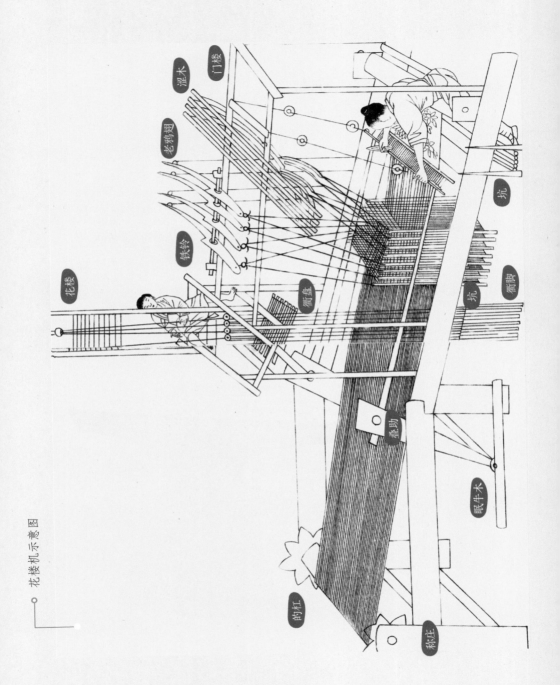

花楼机示意图

湿木
门楼
老鸦翅
铁铃
花楼
叠助
盘
坑
坑
猫脚
眠牛木
的杠
称庄

在我国古代发明的器具中，最重要、最复杂精细的一项要数提花机了。提花机原来早在商代就出现了，随着它的不断发展，也让我国产的丝绸在全世界独领风骚，深受世界各地，特别是欧洲贵族的喜爱，成为西方的顶尖奢侈品。因此，古代的中国也被古希腊人称为"丝国"。据说那个时候，中国产的丝绸贵比黄金呢。由此，丝绸之路诞生，欧亚国家甚至还曾经为争夺丝绸之路的控制权爆发过战争。可见，我国的丝绸在古代的中亚、西亚以及欧洲是何其的珍贵啊！

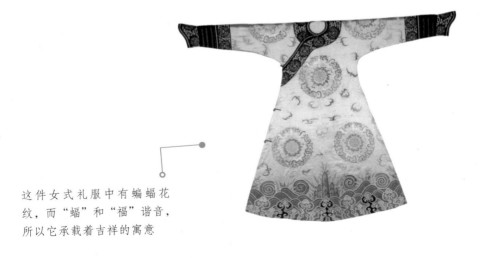

这件女式礼服中有蝙蝠花纹，而"蝠"和"福"谐音，所以它承载着吉祥的寓意

丹家大染坊

宋子曰："霄汉之间云霞异色，阎浮之内花叶殊形。天垂象而圣人则之，以五彩彰施于五色，有虞氏岂无所用其心哉？飞禽众而凤则丹，走兽盈而麟则碧，夫林林青衣，望阙而拜黄朱也，其义亦犹是矣。"

这里开了一家染坊

天空中的云霞有着七彩各异的颜色，大地上的花叶也是异彩纷呈，大自然呈现出种种美丽景象。

上古的圣人遵循提示，按照五彩将衣服染成青、黄、赤、白、黑五种颜色。

有人说："甜味容易与其他各种味道相调和，白的底子上容易染成各种色彩。"我们衣服所用的原料丝、麻、皮和粗布都是素的底色，因为染上各种颜色，才形成如今绚丽多彩的衣服呢。

染色

▶ 黄色

　　早期主要用栀子染黄，栀子的果实中含有"藏花酸"的黄色素，是一种直接染料，染成的黄色微泛红光。南北朝以后，黄色染料又有地黄、槐树花、黄檗、姜黄、柘黄等。用柘黄染出的织物在月光下呈泛红光的赭黄色，在烛光下呈现赭红色，其色彩很炫人眼目，所以自隋代以来便成为皇帝的服色。

姜黄

五倍子

▶ 黑色

　　古代染黑色的原料主要是栎实、橡实、五倍子、柿叶、冬青叶、栗壳、莲子壳、鼠尾叶、乌桕叶等。

你知道吗？

　　成语"青出于蓝"（也作"青出于蓝而胜于蓝"）其实与古代染蓝技术密切相关呢。这个成语今天常用来比喻学生胜过老师，或后人胜过前人。其中，"青"指的是青色（即靛蓝），它是从蓝草中提炼而成的，但是颜色比蓝草的汁液更深。

▶ 蓝色

　　茶蓝（别称菘蓝、板蓝根）、蓼蓝、马蓝、吴蓝和苋蓝，这五种植物都可以用来制作深蓝色的染料，即蓝淀。

　　制作蓝淀的时候，茎和叶多的放进花窖里，少的放在桶里或缸里，加水浸泡七天，颜色自然就出来了。每一石蓝花汁液加入石灰五升，搅打几十下，就会凝结成蓝淀。水静放以后，蓝淀就沉积在底部。

蓼蓝

▶ 红色

　　染红色最初用的是赤铁矿粉末，后来有用朱砂（硫化汞）的。用它们染色，牢度较差，所以从周代开始改用茜草。茜草的根含有茜素，加入明矾就可以染出红色。

茜草

茜草到了夏天就会开花，采花的人会在天刚亮，红花还带着露水的时候摘取。如果等到太阳升起以后，露水干了，红花就已经闭合而不方便摘了。红花是一天天开放的，大约一个月才能开完。

如果想染成莲红色、桃红色、银红色、水红色的话，所用的原料也是红花饼，颜色深浅根据所用的红花分量的多少而定就好。通常，黄色的蚕茧丝是无法染成这四种颜色的，只有白色的蚕茧丝才可以。

▶ 绿色

槐树生长十几年后才能开花结果，它最初长出的花还没开放时叫作槐蕊，染绿衣服要用到它。采摘时人们会把竹筐成排放在槐树下收集槐蕊。将槐花加水煮开，捞起沥干后捏成饼，给染坊用。已开的花慢慢变成黄色，有的人把它们收集起来撒上少量石灰拌匀后，收藏备用。

槐蕊

→ 学做红色的染料

红色的染料也叫作"红汁"，它的制作过程很简单，所用的材料也非常环保。制作时只需要把红花捣烂，然后经过淘洗、揉搓、晾晒，基本就做好了。用的时候随时可以拿出来化成汁液漂染布料。还有啊，作为药用的话，红花不必制成花饼，但如果是要用来制染料的话，则必须按照一定的方法制成花饼后再用，这样黄色的汁液已经除尽了，真正的红色才能显出来。有兴趣的同学也可以按照下面的工序小试一把。

1 早晨摘取带有露水的红花

2 将其捣烂并用水淘洗

3 装入布袋里并拧去黄汁

7 用青蒿覆盖一个晚上，捏成薄饼，阴干后收藏好

再次捣烂 **4**

用已经发酵的淘米水再次进行淘洗 **5**

装入布袋中 拧去汁液 **6**

05।

红色也分深浅。如果要染成大红色，以红花饼为原料，用乌梅水煎煮出汁后，再用碱水澄清几次，颜色就会非常鲜艳。

用红花染过的红色丝帛，如果想要褪回原来的颜色，只需把所染的丝帛浸湿，滴上几十滴碱水或者稻灰水，红色就可以完全褪掉恢复原来的颜色了。

是不是很有趣！你不想试一试吗？

将洗下来的红色水倒在绿豆粉里进行收藏，下次再用它来染红色，效果半点儿也不会耗损。这可是染坊的秘方，一般可不会外传呢！

充满魅力的扎染

古代的染色工艺有很多，包括直接染、媒染、套色染，以及夹缬、绞缬等防染印花技术。

无论是直接染还是用媒染剂，或者是套染，都是针对整块布料上色而言。但是如果衣服上不同位置想染成不同的花色，就需要用到扎（zā）染印花技术啦。

▶ 夹缬

夹缬就是镂空版印花。方法是用两块雕镂着相同图案的花版，将布帛对折紧紧地夹在两块版中间，然后就镂空处涂刷色浆，待色浆干后，除去镂空版，即可呈现花纹。

▶ 绞缬

绞缬又名扎缬。染色方法有两种：一是用线将布帛结扎后入染，染后将线拆去，结扎部位因没有渗进染料，或没有充分地渗进染料，因而与未结扎的部位形成色底白花图案；二是将预定数量的颗粒物作为衬垫物均匀地结扎在布帛上，然后入染，以制成菱形圈或圆形圈的散花纹等。

扎染以蓝白二色为主调，运用颜色的对比来营造出古朴淡雅的意蕴

跟我学扎染

首先，要浸湿布料，然后，依个人的喜好对布料进行捆扎。当锅中的水煮沸时就可以放入盐和染料，再放入布料浸泡。一天后我们可以把布料取出，用清水洗去浮色后，放在竹席上滤水并打开捆扎布料的线。最后，我们把布料放在架子上晾干，就可以静等奇迹的出现啦。

浸湿布料

1

依个人的喜好对布料进行捆扎

2

把锅中的水煮沸后放入盐和染料，再放入布料

3

浸泡一天后把布料取出，用清水洗去浮色，然后放在竹席上滤水，打开捆扎的线

4

把布料放在架子上晾干

5

爱问小课堂

请问宋老师，深黑色是怎么染出来的？

宋老师：深黑色古人称之为"包头青色"，这种颜色可不是用蓝淀染出来的，而是用栗子壳或者莲子壳放在一块儿熬煮一整天，然后捞出来将水沥干，再将铁砂、皂矾放进锅里面煮一整夜，就变成深黑色啦。是不是很天然环保啊？

奇怪的官职

据古书记载，在西周初时设置了许多国家机关来处理全国的政事，其官员旧称"六官"，即"天官""地官""春官""夏官""秋官"和"冬官"。其中，在天官下设有一个叫作"染人"的官职，专管染色生产；在地官下设有一个叫作"掌染草"的官职，专管染料的征集和加工。之后，秦代设有染色司、唐宋时期设有染院、明朝则设有蓝靛所等，这些管理机构专门负责管理染色。是不是很神奇？

"染人"和"掌染草"居然都是古代的官职呢

▶ **"媒染法"** 就是借助某种媒介物质来染色，使染料中的色素附着在织物上。这是因为有些染料的分子结构与其他的不同，不能直接使用，必须经媒染剂处理后，才能在织物上沉淀出不溶性的有色沉淀。媒染染料的这一特殊性质，不仅适用于染各种纤维，而且选用不同的媒染剂，同一种染料还可染出不同的颜色。

▶ **"套染法"** 就是将织物分别浸入多种不同的染液中，交替染色或混合染色。比如将织物染成红色后，再用蓝色染料套染就能染成紫色；染蓝后，再用黄色染料套染就能染成绿色；染黄后，再以红色套染就能够染成橙色等。根据古籍中的记载，我国在2000多年以前就已经掌握各种染料之间的相互遮盖作用啦。

五花八门的衣料

宋子曰："凡苎麻无土不生。其种植有撒子、分头两法。（池郡每岁以草粪压头，其根随土而高。广南青麻撒子种田茂甚。）色有青、黄两样。每岁有两刈者，有三刈者，绩为当暑衣裳、帷帐。

"凡苎皮剥取后，喜日燥干，见水即烂。破析时则以水浸之，然只耐二十刻，久而不析则亦烂。苎质本淡黄，漂工化成至白色。（先用稻灰、石灰水煮过，入长流水再漂，再晒，以成至白。）纺苎纱能者用脚车，一女工并敌三工，惟破析时穷日之力只得三五铢重。织苎机具与织棉者同。凡布衣缝线、革履串绳，其质必用苎纠合。"

大家买衣服的时候都会非常关注材质，可有时候就算在实体店实际摸上去感觉很好的衣服，换洗之后可能也会不一样。这是由于科技进步使得衣服材质里掺杂了一些其他的元素。以前可不会出现这种情况哦，古代用的可都是真材实料。那么，古代用来做衣服的原料到底有哪些呢？

葛

葛是一种豆科藤本植物，一般在坡地和疏林之中比较常见。经过加工后的葛纤维，是我国古代很早就用来纺织的原料之一哩！比如《诗经》中"葛之覃兮，施于中谷，维叶萋萋"说的就是葛了。

葛这种粗糙的材质，平民使用可以理解，为什么当时很多贵族也会使用葛制的衣服呢？原来，葛布也是有区别的。精细的叫作"绤（chī）"，专门为贵族提供；粗糙的叫作"绤（xì）"，为普通老百姓所使用。

○ 葛

苎麻

苎麻也可以写成"纻麻"，属于草本植物，多生长在温暖多雨的南方地区。苎麻的皮剥下来后要在太阳下晒干，撕破成纤维时还要先用水浸泡四五个小时。苎麻本来

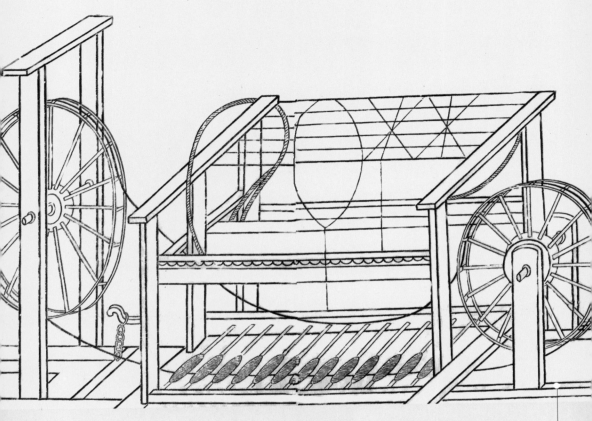

纺麻的纺车与纺丝的纺车样式有所不同 ○

苎麻

是淡黄色的，如果先用稻草灰、石灰水煮过，然后再放到流水中漂洗晒干，就会变得特别白。苎麻的纤维细长且坚韧，平滑而有丝光，因此用苎麻纤维织成的布，质地轻盈、凉爽、挺阔、透气，是人们喜爱的衣着用料。另外，纺麻需用专门的纺车。

丝

蚕丝在所有天然纤维中最为优良和纤细，可以织出各种复杂的花纹，人们一般用绫罗绸缎来泛指各种精美的丝织品。那么，不同丝织品之间的区别到底在哪儿呢？

简单来说，用左捻、右捻的丝线，一梭一梭交互织成的叫作绉纱；单起单落织成的叫作罗地；双起双落织成的叫作绢地；五枚同时织成的叫作绫地。纱是所有丝织品中质量最小的了，历史上那件赫赫有名的素纱单

素纱单衣

衣质量还不到50克，叠起来甚至可以放进一个火柴盒中。

裘

凡是用兽皮做的衣服，统称为"裘"。在现代文明社会中，出于环保意识，人们已经很少甚至拒绝穿用动物皮毛制成的衣服了。但是在远古时期，人们最开始就是采集果实、猎杀野兽，用动物的皮做成衣服御寒。贵重的裘有貂皮、狐皮，相对便宜的裘有羊皮、麂皮，价格的等级约有上百种之多。常见的有下面几种。

▶ 貂

貂皮主要产在关外辽东、吉林等地区，以及朝鲜一带。貂皮大衣非常难得，穿着它的人站在风雪中，比待在屋里还暖和。如果遇到灰沙进入眼睛，用这种貂皮毛一擦就抹出来了。貂皮的颜色有三种，一种是白色的，叫作"银貂"，一种是纯黑色的，还有一种是暗黄色的。

貂

▶ 狐狸

狐狸

纯白色的狐腋下的皮衣价钱和貂皮也差不多，黄褐色的狐皮衣价钱要逊色一些，御寒保暖的功效也比貂皮要差。如何区分狐皮的优劣呢？关外出产的狐皮，拨开毛露出的皮板是青黑色的，内地出产的狐皮把毛吹开露出的皮板则是白色的，一目了然。

▶ 羊

羊

老羊皮价格低贱而羔皮衣价格贵重，因为用羔皮做出来的衣服没有羊膻气。古时候，羔皮衣只有士大夫们才能穿，后来西北的地方官吏也能讲究地穿羔皮衣了。老羊皮经过芒硝鞣制之后，做成的皮衣很笨重，那是穷人们穿的。这些皮衣都是用绵羊皮做的。如果是南方的短毛羊皮，经过芒硝鞣制之后，皮板就变得像纸一样薄，只能用来做画灯了。

▶ 麂子

麂子也称"黄猄（jīng）"。其皮去了毛，经过芒硝鞣制之后做成的袄裤，穿起来又轻便又暖和，做鞋子、袜子就更好一些。这种动物在广东、湖南、湖北一带比较常见。此外，麂皮还有防御蝎子蜇人的功用，因此人们除了用麂皮做衣服外，还用它做被子边，这样蝎子就会避得远远的。

麂子

▶ 虎、豹

因为虎、豹的皮花纹最美丽，所以将军们才会选用它们的皮毛来装饰自己，以显示威武。

豹

虎

棉花

古书中棉花被称为"枲（xǐ）麻"，有木棉和草棉两种，花也有白色和紫色的不同颜色。棉花都是春天种下，秋天结棉桃，先裂开吐絮的棉桃要先摘回，而不是所有的棉桃同时同批摘取。熟练的纺纱工，一只手能同时握住三个纺锤，把三根棉纱纺在锭子上，但不能纺得太快，否则棉纱就不结实了，棉布的纱缕纺得紧的，才结实耐用。

赶棉

棉花里的棉籽是同棉絮粘在一起的，所以要将棉花放在赶车上将棉籽挤出去。

弹棉花

棉花去籽以后，再用悬弓来弹松，制成棉絮。

擦棉条

棉花弹松后用木板搓成长条。

纺棉纱

用纺车把棉条纺成棉纱，然后绕在大关车上便可牵经织造了。

　　棉花是从印度传入我国的。大约在汉代的时候，我国西北和西南地区就有了棉花种植，到了元代才传入江南地区。宋老师告诉你，碾棉布的碾石最好是选用江北那种性冷质滑的，因为它们碾布时不容易发热，这样制成的棉布纱缕就紧，不松懈。

弹棉花示意图。古人将处理干净的棉花弹成棉胎，以备将来裹上布料做成棉被或是棉褥子。弹棉花的工具包括一张曲木弹弓、一张磨盘、一个弹花槌和一条牵纱篾。弹棉花时全仗人手用弹花槌击打弓弦，将棉纤维弹松。弹花人的手艺多为祖传，现在会弹花的人已经比较少见了

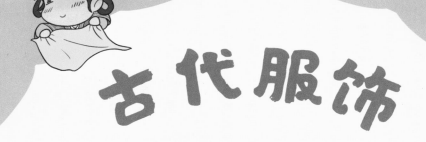

古代服饰

宋子曰："凡左右手各用一梭交互织者，曰绉纱。凡单经曰罗地，双经曰绢地，五经曰绫地。凡花分实地与绫地，绫地者光，实地者暗。先染丝而后织者曰缎（北土屯绢，亦先染丝）。就丝绸机上织时，两梭轻，一梭重，空出稀路者，名曰秋罗，此法亦起近代。凡吴、越秋罗，闽、广怀素，皆利缙绅当暑服，屯绢则为外官、卑官逊别锦绣用也。"

考古学家在北京周口店发现了距今约3万年前山顶洞人的骨针，说明我们的祖先从那时候起就已经知道缝制穿戴之物了。在距今7000多年前的仰韶文化陶器底部发现有粗麻布的印痕，并在彩绘陶器上有穿衣服的人物图像。在良渚文化遗址中发现有葛布和绢，由于资料缺乏，无法知道他们穿的衣服到底是什么样式。不过，我们可以想

上古时期

（公元前5000年以前）

商朝

（约公元前1600年—公元前1046年）

那时候的人们渐渐采集些草叶和兽皮披挂在身上

那时候，人们还没有衣服的概念，夏天就收集很多的柴火，到了冬天就靠烘烤取暖。后来，人们渐渐地采集一些草叶和兽皮，披挂在身上，以遮盖一下身体的重要部位。到了黄帝、尧舜时期才开始有了衣裳，结束了史前那种围披状态。

商朝低等级人物服饰

商朝可能继承了夏朝的服饰规范。但奴隶通常不穿衣服，仅以蔽膝遮羞，帽子是扁平型的，以和贵族的帽子有所区分。

象，当时的服装随着实用功能得到满足，观赏功能逐步突出，人们开始注意色彩的处理，衣着与身体的比例以及时尚款式了。

现在我就带领大家穿越回古代，看一看各个朝代人们的服装特点究竟是什么样的。

西周
（公元前1046年—公元前771年）

周朝的时候，服饰的专用界限等级标志开始清晰，品种类别也相应地增加，比如祭礼服、朝会服、从戎服、婚礼服、丧服等。周朝的衣裳虽然还是采用上衣玄下裳黄，但增加了裳前襟的大带和玉佩。此外，西周的服饰还吸收了北方民族以带钩束腰的服饰花色。

周武王姬发

春秋战国时期

（公元前770年—公元前221年）

深衣正面示意图

服装上的重要变化是从深衣和胡服的出现开始的。

深衣是连体长衣，它将过去上下不相连的衣和裳连接起来，这是一种能文能武、男女通用的百搭衣，在当时广为流行。

胡服是北方草原游牧民族的服饰，为满足骑马的需要，多为窄袖的短衣、连裆的长裤，鞋和腰带都是皮制的。这种装束不仅方便而且更加结实耐用。后来，赵武灵王顶住了种种社会压力，把胡服引进来，并大胆改革，逐渐也被汉人所接纳，这就是著名的"胡服骑射"。

深衣背面示意图

秦朝

（公元前221年—公元前206年）

秦朝武士装
束示意图

秦朝是我国历史上第一个幅员广阔、民族众多的统一的封建制国家。秦王嬴政当上始皇帝之后，立即着手推行一系列加强中央集权的措施，其中也包括了衣冠服饰制度。不过由于秦始皇当政时间太短，服饰制度仅属初创，因此还不太完备，只是在服装的颜色上做了统一。秦始皇深受阴阳五行学说的影响，相信秦能代周号令天下，应当是水能克火的原因，所以颜色必须崇尚黑色。

秦代铠甲战服的胸部甲片都是上片压下片，而腹部的甲片都是下片压上片；从胸腹正中的中线来看，所有的甲片都由中间向两侧叠压，其肩部的甲片组合又与腹部的相同；肩、腹及颈下周围的甲片都用带子连接，所有的甲片上都有甲钉，其数目不等；甲衣的长度前后相等，下摆一般为圆形。

汉朝

（公元前206年—公元220年）

　　西汉建立时基本上沿用秦朝的服制，东汉时期穿黑色衣服必配紫色丝织的装饰物。祭祀大典上，皇帝通穿"长冠服"；皇后穿的叫作"蚕服"。而一般官员穿禅衣，又名"祗服"。官员的朝服服色，一年四季按五时着服，春季用青色，夏季用红色，季夏用黄色，秋季用白色，冬季用黑色。

　　汉代衣服以衣襟分类，可以划分为两种：一为"曲裾禅衣"，即开襟是从领曲斜至腋下；一为直裾禅衣，开襟从领向下垂直。而且当时的腰带极为考究，所用带钩以金制成各种兽形，形象生动有趣，是衣裳中间显要的装饰物。此外，男子保持佩刀的习俗，但所佩之刀有形无刃，失去了实际价值，主要是显示仪容。

历史上，魏晋南北朝时期是一个战乱频繁的分裂时代，社会动荡不安，原本中原地区的汉民族政权被少数民族取代，各民族基本上是错落交叉混居的状态，总体来说，这既是胡汉文化交流碰撞的时期，也是我国古代服装史上发生大转变的时期。

这时出现了两个重要变化：一个是汉装的定式被突破，另一个是胡服被大量吸收融合进汉人的服饰之中。传统的

魏晋南北朝

(220—589年)

深衣制长衣和袍服已经不再适合当时人们的生活习惯，北方民族短衣打扮的褶袴（xí kù）逐渐成为社会的流行服饰。褶袴上衣宽大且较短，下衣为喇叭形裤，有的还在膝盖弯曲处用长带扎起来。女子着装方面，上身比较简单，下身较为华丽。

上衣宽大且较短，下衣为喇叭形裤，逐渐成为时尚

隋文帝在公元581年建立了强大的国家，公元589年灭陈后，统一了中国。随着国家的统一，南方和北方的服饰也进一步融合。但是时间不长，隋就被唐所代替。唐代国力强盛，国际交流广泛，因而在服饰风格上显示出华丽、清新、博人的时代特色。

隋唐时期

（581—907年）

唐代的天子、皇子及群臣的着装，既有官定服饰，又按环境场合的不同，分为祭服、朝服、公服与常服，绛纱单衣、向纱中衣、向裙襦。讲究的是革带金钩、曲领方心，脚上穿绛纱蔽藤白袜、乌皮履，配饰包括剑、双佩、双缓、贡囊等，依各人的官职大小有多有少罢了。

唐代的仕女下装多穿裙子，把腰束得极高，裙色则以红紫黄绿最多。特别是"女式大袖衫"，大气飘逸，充分显示了唐代繁华恢宏的文化特征和当时华丽开放的审美风尚。

唐初女子流行"时世装扮"，衣衫小袖窄衣，外加半臂，肩绕披帛，紧身长裙上束至胸，风格简约。盛唐时，衣裙渐宽，裙腰下移，服色艳丽。至中晚唐时，衣裙日趋宽肥，女子往往褒衣博带，宽袍大袖，色彩靡丽。

有趣的事实

女扮男装也是唐朝服饰的一大特色哩！

唐朝社会开放，女性穿起男式圆领服，头裹幞头，足蹬乌皮靴。走在街上，绝对是一道靓丽的风景。

宋朝

（960—1279年）

宋代女子的穿着都是瘦长、窄袖、交领，下穿各式长裙，颜色淡雅，通常在衣服外面再穿上褙子，并在褙子的领口及前襟绘绣花边。

男子的服饰有公服、私服、儒生服等，而且颜色有着明显的等级区分。公服以曲领大袖、腰间束革带为主要形式，另有窄袖式样，九品官以上用青色，七品官以上用绿色，五品官以上用朱色，三品官以上用紫色。按当时的规定，着紫色和绯色服装都要配挂金银装饰的鱼袋，高低职位由鱼袋便可一眼看出。

宋朝女子的常服瘦窄贴身，多用对襟、交领、窄袖的样式，衣长至膝

元朝

（1206—1368年）

元朝汉人的服饰

元朝是蒙古人建立的政权，蒙古的"质孙服"冠、衣、履从上至下都用一种颜色，非常单调。好在当时还可以穿保留了唐宋遗制的汉服，但这种汉服中不可避免地混入了蒙古元素，形象有些模糊。

元朝的贵族承袭汉族制度，在服装上绘绣龙纹。女子所穿服饰都宽松肥大，长度大多垂足，衣边扫地，以至于在行走时不得不由奴仆跟在后面托起。此外，元代丝绸的特点是缕金织物大量出现，纱、罗、绞等无不加金，当时人把这种金光闪闪的织金锦称作"纳石失"。

明代服饰文化达到了一个比较发达的水平。明代的贵妇多穿红色大袖袍，一般妇女平日常穿短衫长裙，腰上系绸带，裙子宽大，样式很多。裙腰加褶，一直十分盛行。这一时期"帔子"普遍流行，形状宛如一条长长的彩色挂带，绕过脖颈，披挂在胸前，带子两头下端连接，垂有金或玉的坠子，由于其形美如彩霞，被称为"霞帔"。凤冠霞帔是明代妇女的

明朝

（1368—1644年）

礼服，也是后妃们在参加祭祀等重大典礼时穿着的服装。

明代男子多穿青布直裰，头戴四方平定巾，平民穿短衣，裹头巾。四方平定巾之前，还有一种六瓣或八瓣布片缝合的小帽，很像剖成半边的西瓜，名"六合一统帽"，相传为明太祖所制，意为安定和睦，天下归一。而这种帽式，正是清朝"瓜皮帽"的前身。

当然啦，这些服装的款式、色彩和面料都会随着社会风俗的变迁而改易。比如罩甲，本是骑马仪卫穿用的黄色短衫，后来衣身变长，不仅步卒服用，老百姓也纷纷效仿，罩甲成为广为流行的时装。

明人服饰

清朝

（1616—1911年）

　　清朝是满族建立的政权，因为长期处于游牧生活和交兵状态，他们的服饰文化具有紧身、简洁的特点，与汉族传统服饰文化有很大不同。

　　在康熙、雍正年间，汉族妇女还保留了明朝风格，时髦的小袖衣、长裙。后来衣服越来越肥、越来越短，袖口越来越宽，会加上云肩，花样翻新层出不穷。到了清末，城市女性已经去穿带花边、卷牙的裤子。满族妇女则穿"旗服"，梳旗髻，穿"花盆底"旗鞋。旗袍突显身材修长、柔弱多姿，与我国使用了几千年的宽袍、大袖、曳裙形成了鲜明的对比。旗装之所以能取代古代的服饰，是因为它节省材料、制作简单、携带方便，容易被人接受。

　　清代男子剃发留辫，辫垂脑后，穿瘦削的马蹄袖箭衣、紧袜、深筒靴，但官民服饰又有很大不同。清代官服主要为长袍马褂，马褂为加于袍的外褂，特点是前后开衩、当胸钉石青补子一方，补子的鸟兽纹样和等级顺序与明朝大同小异。

清代官吏按照等级高低，帽子上的装饰"顶子"有很大的差别。比如一品官员的顶子是红宝石，二品的是红珊瑚，三品的是蓝宝石，四品的是青金石，五品的是水晶石，六品的是砗磲，七品的是素金，八品、九品的则没有顶子。帽后拖一束孔雀翎，称花翎，高级的翎上有"眼"（羽毛上的圆斑），并有单眼、双眼、三眼之别，眼多者为贵。

清朝武将官服

做件龙袍好不好

宋子曰："凡上供龙袍，我朝局在苏、杭。其花楼高一丈五尺，能手两人攀提花本，织过数寸即换龙形。各房斗合，不出一手。赭黄亦先染丝，工器原无殊异，但人工慎重与资本皆数十倍，以效忠敬之谊。其中节目微细，不可得而详考云。"

衣服除了遮蔽风寒取暖之外，也成为不同阶级群体身份地位的象征，普天之下最高贵的莫过于龙袍了。龙袍是皇帝穿的衣服，代表着最高权力，无论是做工、用料还是造型设计上都非常讲究。关于服装的最后一讲，我就给大家讲一讲龙袍吧。

皇帝的私人订制

明清时期，皇帝穿用的龙袍，都要由设在苏州和杭州两地的织染局专门生产。制作龙袍的织机，花楼高达一丈五尺（约5米），由两个技术精湛的织造能手，手拿花样提花，每织成几寸①以后，就变换织成另一段龙形的图案。一件龙袍通常要由几部织机分段织成，人工和物料成本都要比平常的衣服多增加几十倍。龙袍上面的金线都是用真金做成的，那可是相当费功夫的。你知道吗？一件龙袍的织造往往需要若干年，而丝线会随着季节、温度的变化产生伸缩，所以为了保证织造的效果，工匠们冬天不能生火、夏天也不能吹风，很辛苦呢。

龙袍专属的标签

一般来说，帝王的衮服装饰有十二种彩色的图案，代表了其社会等级，同时也象征了统治者所应具备的十二种优秀品格。这种服饰称为"十二章服"。

---

① 寸：一寸约3.33厘米。

难以置信！→

　　制造真金线，首先，你要一锤一锤地把金子打成轻如纸片的金箔。这样的金箔纸打成多厚才算合格呢？专家测量过，大概只有0.1毫米的厚度。这样厚度的一张金箔纸居然韧性十足，不容易断裂，这才是让人称奇的地方。

　　经过一系列工艺后的金丝还要与蚕丝互相缠绕，最后才能成为制作龙袍的真金线呢。

　　这十二种图案分别是日、月、星辰、山、龙、华虫、宗彝、藻、火、粉米、黼（fǔ）、黻（fú），它们代表了天地间十二种吉祥的东西。这种制度一直延续到了清朝末代皇帝溥仪退位。另外，人们从经验中得知，早晨天未亮时，天空是黑色（称"玄"），上衣如天，所以用玄色；而大地是黄色的，所以下裳的服色即用黄色，以此表达对天和地的崇拜。

　　清代，"五爪金龙"象征着上天"真龙"的化身，只有皇帝才能使用它。而比它等级低一些的所谓"四爪龙"，其实是"蟒"

星辰

月

龙

宗彝

火

黼

日

山

华虫

藻

粉米

黻

　　日、月、星辰，取其皇权照临四方之意。华虫，即锦鸡，象征帝王体兼文明。粉米，即白米，象征帝王重视农桑，滋养人民。藻，象征帝王品行高洁。黻，象征帝王能够明辨是非。黼，图形为斧头，象征帝王干练决断。龙，善于应变，象征帝王善于审时度势。火，取其光明，象征帝王行事光明磊落。宗彝，图形通常为一对虎、蜼（读wěi，蜼是一种长尾猿猴），象征帝王忠勇孝悌。山，象征帝王性格稳重。

写给孩子的

天工开物

《 》

〔明〕宋应星 原著

竹马书坊 编著

穿越古代科技
回望中华文明

一日三餐②

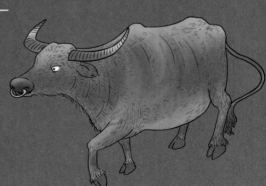

天津出版传媒集团

天津科学技术出版社

谷物收割后运到场上翻晒叫作"登场"

民以食为天，吃可是头等重要的事情。"上古神农氏若存若亡，然味其徽号，两言至今存矣。生人不能久生而五谷生之，五谷不能自生而生人生之。土脉历时代而异，种性随水土而分。不然神农去陶唐，粒食已千年矣，耒耜（lěi sì）之利，以教天下，岂有隐焉。"

今天，宋老师就来讲一讲跟吃有关的问题。

古代农事场景示意图

目录

趣说"五谷"

宋子曰："凡谷无定名。百谷，指成数言。五谷则麻、菽、麦、稷、黍，独遗稻者，以著书圣贤起自西北也。今天下育民人者，稻居什七，而来、牟、黍、稷居什三。麻、菽二者，功用已全，入蔬饵、膏馔之中，而犹系之谷者，从其朔也。"

"五谷"，通俗地说就是麻、菽（shū）、麦、稷（jì）、黍（shǔ）这五类粮食，而粮食一般会被做成米饭、馒头、煎饼、饽饽等各种饭食供人们果腹。

知识链接 →

"五谷丰登"这个成语，常被用来形容各种农作物的丰收。

神农氏画像

谁是"神农"？

大家都知道，五谷杂粮是在土地里种出来的，然而一提到种粮食，就不能不提我们的老祖宗"神农氏"了。传说中，正是他教会了子孙后代耕种，开创了原始社会农业的生产。

其实啊，神农氏是上古传说中的人

未耜示意图

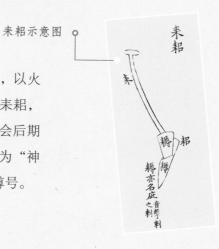

耒耜

物。他姓姜，是伏羲、女娲的后裔少典的儿子，以火德王，所以被称为"炎帝"。传说，他发明了耒耜，教会人们开垦土地、播种五谷，带动了原始社会后期由渔猎畜牧到农业经济的转变，所以人们尊他为"神农"。而他的七代后裔也都承袭了"神农"的尊号。

你知道吗?

　　神农氏不仅是农耕的始祖，他还曾经遍尝各种草药，治病救人，被医药行业尊为始祖。另外，据说他还发明了五弦琴，唱出了丰乐之歌，也许还是"音乐之祖"呢。

　　所以，我们总喜欢称自己为"炎黄子孙"，意思是炎帝和黄帝的后人。神农氏是一个传说，但是如果仔细体味"神农"这个对开创农耕者的尊称，我们也许就能够理解这两个字对于当今人们的重要意义了。

农业的重要性

　　我们人类之所以能够维持每天的生活，正是因为我们有"五谷"的滋养呀。所以，农业是我们的衣食之源、生存之本。

　　如果农业不能为我们提供粮食和其他必需的食品，那么我们的生活就不会安定，国家也将失去自立的基础。

纪录

　　我国有约14亿人口，每天要消耗50多万吨粮食。

传说中，神农教会了人们农耕

从神农时代到唐尧时代，人们食用五谷已经有上千年了。"五谷"并不能自己生长，而是需要靠人类在土地中去种植。事实上，土壤的性质往往会随着漫长的时代而有所改变，相对应地，我们种出来的谷物，其种类与特性也会随着水土的不同而产生区别呢。

被遗忘的稻谷

不知道同学们有没有发现，我们前面提到的"五谷"里缺少了一种现今非常重要的粮食作物——水稻。为什么会单单漏掉了它呢？

我认为，这大概是因为古代写书的前辈是西北人的缘故吧，毕竟在北方的饮食风俗中人们是很少吃稻谷的。

事实上，在宋先生我所生活的明代，稻子可是占了全国百姓所吃的粮食的十分之七呢，而小麦、大麦、黍、稷这些总共才占了剩下的十分之三。由此可见，水稻是当时百姓主食的重要来源了。话不多说，接下来我们就聊一聊水稻。

▶ 稻米家族

提到水稻，同学们首先会想到什么呢？宋先生我最先想到的就是米了，因为一般我们吃的米就是水稻加工出来的。"凡稻种最多。不粘者，禾曰秔（jīng），米曰粳（jīng）。粘者，禾曰稌（tú），米曰糯（读nuò，南方无粘黍，酒皆糯米所为）。质本粳而晚收带粘（俗名婺源光之类），不可为酒，只可为粥者，又一种性也。凡稻谷形有长芒、短芒（江南名长芒者曰浏阳早，短芒者曰吉安早）、长粒、尖粒、圆顶、扁面不一。其中米色有雪白、牙黄、大赤、半紫、杂黑不一。"

　　水稻的种类特别多，如果是没有黏性的稻米，那么这种稻的稻禾就叫作"粳稻"，生产出来的米则叫"粳米"；如果稻米有黏性的话，那么稻禾就叫作"秫稻"，米叫作"糯米"。根据形状来分的话，稻谷也可以分为长芒、短芒、长粒、尖粒、圆顶、扁面等许多种。根据稻米的颜色来划分的话，也有雪白、淡黄、大赤、淡紫和灰黑等多种，类别十分丰富。

粳稻

浸种

▶ 天天向上

　　水稻究竟是怎么生长出来的呢？事实上，水稻的种植可以分为好几个流程。

　　（1）浸种。播种之前，除了要淘去瘪谷外，人们还要用稻草或者麦秆包好种子，有时候也用竹篾编成的"种箪（dān）"盛放种子，然后将其放在水里浸泡上几天，等到种子长出幼芽（古称"勾萌"）以后再撒播到秧田里面去，这叫作"布秧"。

需要注意的是，浸种时间一般是在春分之前，最晚在清明之后，古时候称之为"社种"。不过，由于社种的时间通常比较早，往往也会有幼苗因为初春气温骤降而被冻死的。

　　（2）插秧。等到水稻的幼苗长到一寸来高的时候，就成了秧苗啦。一般秧苗长满30天以后，人们就可以把它们拔起来分开插到水田中去了。

　　不过，小小的秧苗对它们的生长环境也是有一定要求的，如果遇到干旱或者水涝，这样的稻田中就不适合插秧。而且，如果秧苗过了最佳的育秧期就会因为变老而拔节，这个时候即使人们再把它们插到水田里去，最后结出来的稻谷子也会很少。

下田拔秧时，农民们通常要卷起裤管赤着脚。能者双手左右开弓，分分钟就可以拔起一大把秧苗；一般的人只会单手拔秧，速度自然要慢许多。无论单手还是双手，只能两三苗一束地拔，还要边拔边洗净根上的烂泥。因为拖泥带水的秧苗会增加挑秧人的负担。拔起的秧苗还要用稻草结成大小适中的秧把

据说，五代后梁时期有位叫契此的和尚做过一首《插秧诗》：手把青秧插满田，低头便见水中天。六根清净方为道，退步原来是向前。诗中便包含了插秧时的劳动场面。插秧时，一般先用左手拿秧苗，然后右手从左手的秧苗中分一小份出来，再用食指和中指捏住秧苗的根部，掌心朝向秧苗，顺着秧苗的根朝下插入泥土中，边插边向后退。整个过程中需注意不要损坏秧苗，且要确保插匀。现代插秧与古时候没有太大的区别

从外观上看，当每穗谷粒的鳞状外壳95%以上变黄，米粒变硬且呈透明状，这时就是收割的最佳时期，既不能过早也不能过晚。收割过早的话，稻粒还不饱满且含水量过大，品质不好；过晚的话，掉粒增加会影响产量。刚收割下来的稻谷含水量偏高，大堆存放容易引发霉变，应及时将稻谷摊开晾晒2～4天，然后再入仓收储

（3）生长与收割。插秧以后，一般早熟的水稻品种大约70天就能成熟收割，而最晚熟的品种要历经从夏天到冬天共200多天才能收割，这正说明了水稻种类的复杂啊。甚至，在没有霜和雪的广东南部，人们还会在冬天播下水稻的种子，这个时候种下的水稻一般在夏季的五月就可以收获了。

▶ 再生秧和早稻秧

南方平原的稻田，大多数时候都是一年可以栽种两次的。其中第二次插的秧，俗名叫作"晚糯"。

通常情况下，人们会在六月割完早稻，在这之后，人们会用犁耙对土地进行再次的"加工"，以

糯稻米

耙耢田地，以利于二次利用

---

① 一亩约0.067公顷。

便于让土地变得更加适合秧苗生长。而在这之后，人们就可以插再生秧了。

▶ 水稻都离不开水吗？

通常情况下，水稻是离不开水的。但是，除了那些最常见的水稻之外，人们还培育了其他类型的稻子，比如旱稻。

这种稻子其实是水稻的一种特殊变异类型，即使是在高山上这种取水不方便的地区也可以种植，从此人们不再必须择水而居，进而大大扩展了生存的空间。

另外还有一种因为芬芳的气味而著称的香稻，以前这种稻子产量非常低，一般只能供富贵人家享用。其实，除了会散发出来一种其他稻谷所没有的清香气味之外，这种稻谷也没有什么滋补的益处。

给土地增点儿肥

在生产力不够发达的古代，人们遇到水旱等灾害的概率可是非常大的。再加上当时几乎没有什么天气预报系统，一不小心，老百姓一年的耕耘（耕地与除草）成果就可能会颗粒无收了。所以农民想出了各种方法来增产，以便于应对来自多方的威胁。

保持土壤的肥力对于农民来说是一件非常重要的事情。一般来说，如果稻子是被栽在肥力贫瘠的稻田里，长出的稻穗上的谷粒就会

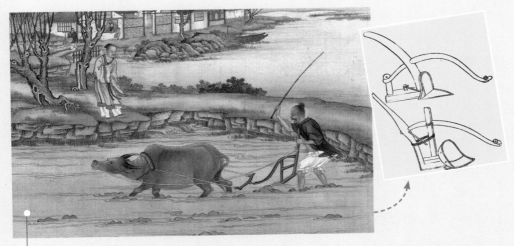

古人以耕牛拉动犁来耕地，现代一些地区人们还在沿用这种方式

耘田时，农民用脚探入水稻苗根部周边的泥土，使泥土松动，让秧苗呼吸得更顺畅。这个工作非常重要，所以要做三遍，即一耘、二耘和三耘。在耘的过程中发现田里有和秧苗不一样的植物，就要把它们清除

稀疏且不饱满。所以，农民就会使用很多种方法来增强稻田的肥力。

那么，哪些东西可以被用来当作土地的肥料呢？

"勤农粪田，多方以助之。人畜秽遗，榨油枯饼（枯者，以去膏而得名也。胡麻、莱菔子为上，芸薹次之，大眼桐又次之，樟、柏、棉花又次之），草皮木叶，以佐生机，普天之所同也（南方磨绿豆粉者，取溲浆灌田肥甚。豆贱之时，撒黄豆于田，一粒烂土方三寸，得谷之息倍焉）。土性带冷浆者，宜骨灰蘸秧根（凡禽兽骨），石灰淹苗足，向阳暖土不宜也。土脉坚紧者，宜耕陇，叠块压薪而烧之，埋坟松土不宜也。"接下来，就听宋老师给同学们讲一讲关于农家肥料的问题。

人畜的粪便、榨了油的枯饼（比如芝麻子饼、萝卜子饼与棉花子饼）、草皮、树叶等，可以增强土地肥力从而促进水稻的生长，这几乎是全国各地的农民都知道的。在南方地区，那些家里可以磨绿豆粉的农民还会用磨粉时滤出来的发酵的浆液浇灌稻田，这种肥料的效果也是相当不错的。

你知道吗？

一粒小小的黄豆腐烂后，就足足可以滋润九平方寸①的稻田呢，这样所得到的收益几乎是黄豆成本的两倍了。碰上豆子便宜的时候，如果把黄豆粒撒在稻田里，既方便又降低了成本，岂不是一举两得。

---

① 九平方寸为0.01平方米。

田间管理

冷水田：这种田长年受冷水浸泡，人们在插秧时对于稻秧的根就要用动物的骨灰来点蘸了，然后再将石灰撒在秧苗的脚部就可以了。但是，这种方法不适用于向阳的暖水田。

土质坚硬的田：对于这种田就要把它给耕成垄状，然后将土块叠起来堆放在柴草上面烧。但相应地，对于黏土和土质疏松的稻田就不适合进行这样的处理。

完成收割后，如果不打算继续耕种稻田的话，就应该在这一年的秋季对土地进行翻耕与开垦，也叫作"耖（chào）田"，从而使稻茬能够腐烂在稻田里，这样所取得的肥效将会达到粪肥的一倍呢。

耖田时农民一手
扶耖，一手执鞭
驱赶耕牛

趣味转移

　　用牛耕田犁地的劳作方式始于春秋之初期（大约在公元前770年以后），而在此之前，牛只是负责拉车或者被当作祭祀的贡品使用呢。

耕地里的助力者

　　古时候不像现代社会这样有着机械化的生产技术，人们在地里耕作的时候可就需要借力了，不然身体很难吃得消。其中，牛可以说是最优秀的"助力者"了。

　　同学们，听宋老师给你们讲一讲关于牛的问题。"凡牛力穷者，两人以杠悬粗，项背相望而起土。两人竟日仅敌一牛之力。若耕后牛穷，制成磨耙，两人肩手磨轧，则一日敌三牛之力也。凡牛，中国惟水、黄两种。水牛力倍于黄。但畜水牛者，冬与土室御寒，夏与池塘浴水，畜养心计亦倍于黄牛也。"

与水牛相伴，牧童的生活显得恬静而闲适

　　传说归传说，大概正是由于牛皮坚肉厚、力气又大，它才能在古代农民的生产中发挥着如此重要的作用吧。虽然耕牛可以为农民省下很大力气，但是同学们要知道，在宋先生我所生活的那个时代，由于耕牛价格昂贵，并不是所有的农户家中都有耕牛的。那些缺少畜力的农民家里，往往就需要在犁上绑一根杠子，然后两个人一前一后的拉犁翻耕，用狠劲干一整天，才能抵得上一头牛的劳动效率呢。

→ 一个神话传说

　　关于牛耕地，这里还有一个传说！据说，在天地初分的时候，牛还是天上管草籽的神，叫作"牛神"。有一天，牛神来到仓库，看见仓库里的草籽东一箩、西一筐的，乱糟糟地散在地上，连个落脚的地方都没有，他就想着收拾一下仓库。本来是值得称赞的举动，谁曾想，他一不小心碰翻了一筐草籽，结果这些草籽纷纷地散落到人间。人间的田地里因此到处长满了杂草，粮食歉收，饿死了很多老百姓，情况非常凄惨。这不是好心办了坏事吗！后来这件事情就被玉皇大帝知道了，他大发雷霆，就把牛神给贬到人间去专为人们耕田和拉车了，还罚他不能吃肉，每天只能吃两担草来立功赎罪呢。

▶ 养牛那点儿事

在我国，用来协助耕地的牛只有水牛与黄牛这两种。其中，水牛的力气要比黄牛大上一倍。但是养水牛的话，冬天需要准备牛棚为它们抵御酷寒，夏天还要有池塘供它们洗澡，所以养水牛所花费的心力也要比养黄牛多一倍。另外，如果耕牛在立春之前耕地的时候用力太多出了汗，一定要及时把它们赶到牛棚里去避免淋雨。等到过了谷雨之后，天气暖和了，它们就可以任凭风吹雨淋也不怕了。

鸟雀啄食粮食示意图

"脆弱"的稻谷

稻谷虽然吃起来的时候分量并不大，但它们的成长是非常不容易的，充满各种各样的威胁，光是要面对的常见的自然灾害就有八种，可以说稻谷是十分"脆弱"的。

具体是哪八种灾害呢？

第一种灾害是"暑气"。 早稻的种子一般在初秋收藏，如果中午在烈日下曝晒了，种子内的热气还没散发出来就被装入到谷仓，之后封闭谷仓又太急的话，这样的稻种就会带有"暑气"。等到第二年播种之后，田地里之前囤积的粪肥会发酵使土壤温度升高，这个时候再加上东南风带来的暖热气息，整片稻禾就会如同受到火烧一样发灾了。

古人给稻谷"消暑"的方法，可以是等到晚上稻种凉了以后再把它们放入谷仓，或者是在"数九寒天"收藏一缸冰水或者雪水，等到下一年清明准备浸种的时候，往每一石①的稻种上泼上几碗，那么之前积攒的暑气就能够立刻得到解除了。

第二种灾害是积水。 播种的时候，如果田里的积水太深，稻种还没有来得及沉下去，又猛然之间刮起了狂风，那么种子就会堆积到秧田的一个角落里去，这样子长出来的庄稼就很可能不够均匀了，所以人们会等到风势平定以后再进行播种。

第三种灾害是鸟雀啄食。 当稻种长出秧苗之后，成群的雀鸟就会飞过来啄食。不过，人们总能想出各种新奇的办法来驱逐鸟儿。

第四种灾害是阴雨连绵。 在移栽的稻秧还没有完全扎根的时候，如果赶上了阴雨连绵的天气，稻秧就会损坏一大半。只要能有连续的三个晴天，秧苗就能全部成活了。

第五种灾害是虫害。 秧苗返青长出新叶子后，土壤里的肥力会不断散发出来，再经过南风带来的热气一熏，禾稻的叶鞘和茎秆里就很容易长出像蚕茧一样圆滚滚的虫子，损害禾苗的生长。这个时候如果天上能够降下来一阵西风雨，害虫就有可能被消灭。

第六种灾害是"鬼火"。 在夏季干燥的天气里，如果田间有坟墓，"鬼火"经常会出现。所谓"鬼火"，其实就是磷火。人的骨头里含有磷元素，尸体腐烂后，经过变化会生成磷化氢，可以自燃并发出蓝色的火焰。但是古人并不知道这些，他们把这种没有火源的自燃现象

---

① 石：十斗等于一石。

统称为"鬼火"。禾叶和稻穗一旦沾上这种"鬼火"，立刻就会被烧焦。农民应对"鬼火"的方法，通常是在看见它的时候就用棍棒用力去打，所以民间也就有了"鬼变枯柴"的说法了。

第七种灾害是缺水。 秧苗从返青到抽穗，早熟稻每蔸（读dōu，相当于"棵"或"丛"）就需要三斗[1]左右的水量，晚熟稻每蔸需水量为五斗左右。如果没有水的话，它们就可能会枯死。在快要收割稻谷之前如果缺少一升水的话，谷粒的数目虽然还是会有那么多，但米粒会变小，最后用碾或者臼（读jiù，舂米的器具，用石头或木头制成，中间凹下）加工的时候，也会更容易破碎。所以在这个时候，

龙骨水车以畜力拉动转盘，带动车水的装置，从河里把水引进稻田，避免了水稻因缺水而枯死

---

① 斗：十升为一斗。

古时候的流民惨景

水稻可是万万不能缺水的呀！

第八种灾害是风灾。　　在稻子成熟的时候，如果遇到刮狂风，稻粒就很有可能会被吹落。如果再遇到连续十来天的阴雨天气，谷粒就会在被水打湿之后自动腐烂了。古时候，谷粒被风吹落的这种情况是没有办法的事，毕竟人类还是很难去和大自然对抗的呀！如果实在是贫苦的农家，遇到阴雨天时，无奈之下他们会把湿稻谷放到锅里去，烧上火爆去谷壳，做成炒米来充饥，这也可以算作是渡过天灾的一种补救办法吧。若实在无法度日，他们只能去做流民，背井离乡去逃难了。

给稻田加点儿水

同学们，宋老师告诉大家，"凡稻防旱借水，独甚五谷。厥土沙、泥、硗、腻，随方不一。有三日即干者，有半月后干者。天泽不降，则人力挽水以济。凡河滨有制筒车者，堰陂障流，绕于车下，激轮使转，挽水入筒，一一倾于枧内，流入亩中。昼夜不息，百亩无忧（不用水时，拴木碍止，使轮不转动）。其湖池不流水，或以牛力转盘，或聚数人踏转"。这说明啊，水稻最害怕旱情，比其他各种谷物所需要的水量都要多得多，因此给水稻及时灌溉是非常重要的。

高转筒车

→离江河比较近的地方，那里的人们会使用筒车来灌水。通常情况下，人们先筑个堤坝来阻挡水流，从而水流可以绕过筒车的下部，冲激筒车的水轮旋转，并装水进入到筒里面。一筒筒的水就这样被倒进了引水槽，然后导流到田地里去。

→在没有流水的湖边或池塘边，有的人是使用牛力拉动转盘进而带动水车；有的

靠人力驱动的龙骨水车

则是靠几个人一齐踩踏来带动水车，这种水车叫作"翻车"或者"龙骨水车"。人们往往会根据条件的变化来调整取水灌溉的方式，这可以看出人类"变通"的智慧了。龙骨水车的车身长的有两丈，短的也有一丈。车内部用龙骨连接上一块块串板，笼住一格格的水使它们向上逆行。

靠牛来转动水车灌溉农田

→ 如果是浅水池和小水沟，那里可能安放不下长水车，人们就可以使用占地面积相对小一些的手摇水车进行灌溉。

手摇水车一般只有几尺长，比起筒车，这种水车有着轻便实用的特点。通常情况下，一个人用两手握住摇把迅速地转动，只要用上一天的工夫就能浇灌两亩左右的田地呢。另外，在扬州一带，人们还会使用几扇风帆，用风力来带动水车，有风刮来的时候水车就会旋转，风停止了，水车也就不动了。不过，这种车是专门为排涝而使用的，所以它并不适合用来抗旱。

→ 至于使用桔槔（jié gāo）和辘轳（lù lu）来取水灌溉的话，它们的工效就更低了。

手摇水车灌溉农田示意图

你知道吗？

元代王祯在《农书》里说商朝初年天下大旱，是伊尹发明了"桔槔"救民于危难之际。这说明至少在三千六百多年以前已经有了"桔槔"。与"桔槔"有关的成语叫作"抱瓮灌畦"，原意是汉阴丈人宁愿抱着水瓮舀水浇灌田地，也不愿使用更为省力的"桔槔"。这个成语比喻安于拙陋的纯朴生活，后用于讽喻安于拙劣、不求改进的落后保守思想。

辘轳示意图

麦苗麦苗迎风展

小麦

荞麦

大麦

同学们，米和面是我们主食中十分重要的两种，其中，米是从稻谷中打出来的，那么宋老师想问问大家，面又是从什么庄稼中生产出来的呢？那自然就是麦子啦！

麦子有好多种。其中，小麦古时候叫作"来"，是麦子中最主要的一种；大麦有叫作"牟"的，也有叫作"矿"的。而其他的杂麦有叫作"雀"的，还有叫作"荞"的。但是，因为它们的播种时间相同，结出的花的形状相似，而且又都是磨成面粉后用来食用的，所以统称为麦。

连二水磨

在中国古代，人们很早就发明了用水力来驱动的机械，既节省了人力还提高了生产效率，例如这种连动式水磨

在我国的河北、陕西、山西、河南与山东等地，老百姓吃的粮食当中，小麦可是占了一半呢，而黍子、小米、稻子、高粱等加起来总共才占了另外的一半。最西向到四川、云南，东向到福建、浙江，以及江苏、江西、湖南、湖北等中部的地区，方圆六千里（3000千米）以内的地方，种植小麦的区域大约只占了总种植面积的二十分之一，那里人们一般会把小麦磨成面粉用来做馓子、饼糕、馒头和汤面等食用，但早晚的正餐都不用它。

加工面粉通常需要机械来帮忙，古人最初是用石碾把小麦压成粉状，后来发明了水车，制造了水磨，这可大大方便了呢。

话说"杂麦"

除了前面说的以外，种植其他麦类（杂麦）的区域就非常的少了，而且产量也很低。通常的情况下，只有民间贫苦百姓才会拿这些"杂麦"当早餐吃。这样的"杂麦"在数量上虽然少，但是种类还是非常丰富的，比如有以下几种。

→ 稞（kē）麦，一般只生长在陕西一带，又叫作青稞，也就是大麦。它会随着土质的差别而在皮色上产生相应的变化。它的颗粒通常有黄、墨绿或黑等多种颜色。对于这种大麦，陕西一带的人几乎不会主动吃它们，只有在发生饥荒没饭吃的时候，人们才不得不将它们端上餐桌。大麦也有带黏性的，生活在黄河与洛水之间地区的人们会用它们来酿酒。

雀麦

→ 雀麦，又被称作燕麦，它的麦穗通常比较细小，每个麦穗中又分别长开十多个麦粒，这种麦别看长得细小，它们在中医治疗里面还被用来当作止汗、催产的中药材呢。

→ 荞麦，它实际上并不算是麦类，但是因为人们也会把它磨成粉末来充饥，所以麦的名称流传了下来，也就被归结到了麦类里去了。跟雀麦一样，荞麦也有着药用的功能，据中医理论，人们适当吃荞麦的话，可以消积下气、健脾除湿，肥胖的病人以及血糖、血脂偏高的病人，也可以通过多吃荞麦来帮助控制体重、调节血糖和血脂等。

你知道吗？

⊙荞麦壳还可以当作枕芯的填充物，据《本草纲目》记载，可以芳香开窍、活血通脉、镇静安神、益智醒脑、养护脏腑呢。

⊙通常情况下，由于北方的气候相对寒冷，所以北方的农民在秋天的时候撒下小麦种子，一直要等到第二年初夏的时候才能够收获。而南方的农民等待收获小麦的时间就不用那么长了。

⊙在南方，不同地方的麦子也有区别。比如，江南的麦子通常是在晚间开花，而江北的麦子却是在白天开花呢！

⊙大麦的播种和收割的日期与小麦基本上没什么不同，但荞麦可就不一样了。荞麦大多是在中秋前后播种，一般不到两个月就可以收割了。另外，荞麦苗非常脆弱，一遇到霜就会冻死。

如何种麦

那么，麦子是怎么种出来的呢？它和前面我们了解到的水稻在生长过程上又有什么区别呢？

其实啊，在最开始的翻土整地上，种麦子和种水稻的工序基本上是一样的。不同点就在于，播种以后，种水稻还需要经过很多次的耘（读yún，指除草）、耔（读zǐ，指在植物的根部培土）等勤苦的劳动过程，但麦田却只要锄锄草就可以了。而且，在以种植小麦为主的北方，那里的土壤一般是相对容易耕作的疏松的黑土，所以种麦子

○— 播种后还需要把土压好

○— "砘车"示意图

的方法和工具就都与种稻子有所不同了。

　　种麦子的时候，耕和种一般是同时进行的，人们用牛拉着起土的农具，不装犁头，而是装上一根横木，并在横木上并排安装着两块尖铁，方言把这种农具称为"锵（qiāng）"。"锵"的中间再装个小斗，斗底钻上梅花眼。在耕作时，人们在斗内盛麦种，牛一旦开始走动就会摇动斗，种子就这样从斗底部的洞眼中被撒下了。另外，如果想要种得又密又多的话，就赶牛走得快一点儿，这样撒下去的种子就会有很多；如果想要种得稀些、少些，只需让牛走得慢一些就可以了。

　　播完种以后，人们接下来要进行的就是"压土"（也叫作"盖种"）的环节了。北方的农民通常会用驴拖着两个小石磙（也叫作"砘（dùn）车"）一圈又一圈地压来压去，以便于将麦种更好地埋到土地里去。毕竟只有土压紧了，麦种才能够发好芽呢。

你知道吗?

由于南方的土壤与北方的不同，人们耕种麦子和压土的方式也有着差别。南方的农民通常会先对麦田进行多次的耕耙，从而使土质变得松软，然后再把燃烧后形成的草木灰和种子搅拌在一起，接着用手指拈着这样的种子进行点播，最后再用脚跟把土给踩紧就好了，一般不需要像北方那样用驴拉石磙子去压土了。

对于生长在田地里的麦苗来说，杂草毫无疑问是一个很大的威胁。田地里的杂草如果太多，就会抢夺庄稼的养分，所以这个时候人们就要勤于锄草了。等到杂草被锄尽了以后，没有了它们争夺养分，田地里全部的肥料就都可以用来帮助结成饱满的麦粒了。就像传统谚语所说的——"早起的鸟儿有虫吃"，只要人们花费的功夫足够多，草就会容易被清除得很干净，这一点无论在南方还是北方，都是一样的。

知识加油站→

北方的麦田里，锄草的时候最好要用刀面比较宽的大锄头，也被称作"耨（nòu）"，而在南方的水稻田里，农民除草时一般会用"薅马"。

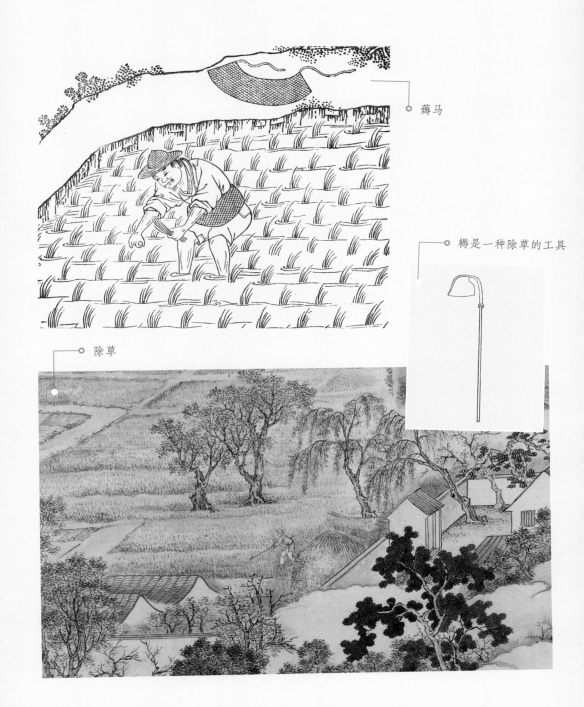

薅马

耨是一种除草的工具

除草

真的是"麦坚强"吗？

　　相对于种植水稻而言，种植麦子会面对的灾害可以说是相当少了，大概只占了种植稻子的三分之一呢，算得上是十分"坚强"了。但是宋老师告诉同学们，种植麦子特别要注意以下的问题。

　　➜ 通常情况下，等到完成播种以后，无论是遇上雪天、霜天、晴天还是洪涝天气，麦子的成长几乎不会受什么影响了。麦子的一大生长特征就是它需要的水量非常少，北方如果在中春（指农历二月十五日，这天是春季的正中）的时节能下一场痛快的、能浇透土地的大雨，麦子很快就能够开花并结出饱满的麦粒了。而在长江以南的地区，人们最害怕的就是"霉雨"（也称作"梅雨"）天气。在扬州还有句相关的农谚说"寸麦不怕尺水"，意思就是说麦子刚成长的时候，任水淹没都没有什么关系；但是等到麦子成熟之时，就"尺麦只怕寸水"了，到了那个时候，哪怕是只有一寸深的水都能够把麦根给泡软，麦子的茎秆就会因此倒伏到泥里去，麦粒也就都烂在地里了。

　　➜ 鸟虫之类的动物对于麦子的生长也存在着威胁。毕竟，长熟的麦粒对于这些动物来说可是有着很大的诱惑呢。在江南，有一种鸟雀非常喜欢成群结队地飞来啄食麦子，队伍中鸟的数量几乎可以达到上万只。不过比起鸟灾，长江以北地区的蝗灾可就恐怖得多了。一旦发生了蝗灾，大量聚集的蝗虫就会吞食麦田，农产品完全遭受到破坏，百姓也就会很容易因为粮食的短缺而发生饥荒了。

趣味转移

有经验的农民都知道，蝗灾往往是和严重的旱灾相伴而生的，传统的民谚中甚至还有"旱极而蝗""久旱必有蝗"之类的说法。因此，一旦有了蝗虫灾害，通常就意味着这场灾害的规模不会小到哪儿去了。

杂粮也很给力

宋老师我在前面讲过了"五谷"，实际上，在《诗经》《尚书》等更古老的文献里面，只有"百谷"，而没有说"五谷"的。那么为什么从"百谷"缩减成了"五谷"？是不是作物的种类减少了呢？其实不然，究其原因，大概一个是"五谷"为最重要的农作物，无论是种植面积还是产量都比较大；另一个是人们把一些相近的作物做了归类，由此产生了不同的称谓，后来约定俗成，把最主要的作物称为"五谷"，其他的则称为"杂粮"了。总之，"五谷杂粮"泛指粮食作物。

那么接下来，宋老师就带着大家一起认识一些比较常见的杂粮吧。

"四山矯矯映赤日，田背坼如龟兆出。
湖阴先生坐草室，看踏沟车望秋实。"
——[宋] 王安石

▶ 黍稷与粱粟

事实上，黍与稷属于同一类粮食，粱与粟也属于同一类粮食。黍有黏的和不黏的这两种，其中黏的是可以用来酿酒的。而稷就只有不黏的了。黏的黍和黏的粟通常被统称为"秫（shú）"，不过除了这两种以外，还有其他叫作"秫"的作物，可见农作物在名称上有多么的复杂了。黍有红色、白色、黄色、黑色等多种颜色，曾经有人专门把黑黍称为"稷"，这其实是不正确的。那么，到底是因为什么黍才被称为稷米呢？我想，这可能与稷米比其他的谷类更早熟有关，这种早熟的黍会更适宜于祭祀，所以就被称为"稷"了。

稷

秫

在古代，包粽子也称作"裹角黍"

黍的名称也是非常多的，比如芑（qǐ）、秬（jù）、秠（pī）等，在方言中也有牛毛、燕颔、马革、驴皮和稻尾等名称。黍最早是在农历三月就下种了，五月份能成熟；稍微晚一些的是在四月下种，七月份成熟；最晚的则是在五月下种，八月份成熟，早熟的与晚熟的两种之间相差的时间还是挺久的呢。黍开花和结穗的时间总和麦子（包括大麦和小麦）是不同时的。黍粒的大小在不同的地区之间也是有差别的，往往由土地肥力的厚薄、时令的好坏等因素来决定。

粟与粱统称为黄米，其中黏粟还可以被用来酿酒。除此之外，还有一种名叫高粱的芦粟，这种称呼的由来主要是它的茎秆高达七尺（约2.33米），很像芦和荻（dí）。说起粱粟的种类和名称，那可是比黍和稷的还要多。这些称呼中，有的是用人的姓氏或者山水来命名，有的则是根据它们的形状和时令来命名，要一一列举出来可是非常困难的呢！

有趣的事实→

在山东，那里的人们并不知道粱粟有这么多的名称，他们把这两种粮食都统称为谷子。

苎麻

▶ **麻**

麻是我国四大天然纤维之一，它的种类有很多，我国大面积栽培的麻类作物主要有苎麻、亚麻、黄麻、红麻、大麻、剑麻、蕉麻等。而在众多的麻类中，既可以做粮食又可以做油料的，就只有胡麻和大麻这两种了。

➡胡麻，它就是芝麻，据说是在西汉时期才从中亚的大宛（读dà yuān，位于现在的乌兹别克斯坦费尔干纳盆地）传进来的。芝麻的好处可多着呢，不仅味道好，用途还很大。所以宋老师认为，即使是把它摆在"百谷"的首位也是不过分的。芝麻一般有黑、白、红三种颜色，所结出来的果实大约有一寸多长。芝麻的果实既有四棱的也有八棱的，这取决于栽种芝麻的土地"肥瘦"了，跟芝麻的品种没有关系。每一百四十多斤芝麻基本上可以榨出四十斤左右的油，剩下的枯渣还可以用来肥田。当然，如果碰上了饥荒的年份，这种枯渣也可以留给人来吃。可见，芝麻当真"全身都是宝"了！

胡麻

纪录

现代研究表明，芝麻的饼粕里含有较高的蛋白质，同时含有大约5.9%的氮素、3.3%左右的磷酸，以及1.5%的氧化钾，所以它是非常好的肥料。

➡大麻，这种东西还可以食用，这是你万万没有想到的吧。大麻的种子被称为麻仁，在我国的一些地方是普遍的零食，可以直接像嗑瓜子一样嗑，也可以用来泡茶或榨油。但是，大麻的子基本上榨不出多少油来。麻皮可以织布，但是做成的布料是粗布，所以说，在古人看来它的价值是不大的。

大麻

你知道吗?

事实上，能够用来提取大麻酚、制作精神药物的通常是一种叫作印度大麻的亚种或者变种，而其他品种的大麻因为活性成分含量太低，可以作为工业大麻，应用于纺织服装、化工、新型材料等领域。

▶ 菽

"菽"是豆类的总称。接下来，宋老师就带你们一起了解一下传统粮食中的豆子吧。

→大豆，这是我们在日常生活中最常见的一种豆子。它们有黑色和黄色两种颜色，播种期都是在清明节的前后。其中，从成熟的时间来看，黄色的大豆被分为"五月黄""六月爆"和"冬黄"这三种。"五月黄"的产量非常低，而"冬黄"的产量则比其足足高出一倍呢。黑色的豆子通常要到八月才能收获，这种黑豆一般被用来当作骡马之类动物的饲料。听说，在淮北地区，长途运载货物的骡马是一定要吃黑豆的，这样它们才能够筋强力壮。

大豆收获的多少是由土质的好坏、锄草勤与不勤和雨水充足与否而决定的，这一点和其他的农作物基本是一样的。

大豆

绿豆

→绿豆，是我们在日常生活中经常会见到的
又一种重要粮食。绿豆的外形像珍珠一样又圆又
小，通常要在小暑时节播种。如果是在小暑以前
就下种，豆秧就会蔓生到好几尺长，结的豆荚却
会非常稀少；如果过了小暑甚至到了处暑的时候
才播种，那就会随时开花结荚，豆粒的数目也会
很少。

那么，种植绿豆还有哪些技巧呢？

首先是绿豆种子的储藏，可以用草木灰、石
灰，或者是马蓼（读mǎ liǎo，中药材名）来贮
藏种子。这样做的话，即使是在四五月间也不用
担心种子会被虫蛀了。当然，如果是非常勤快的农民，能够在每到晴天的时候就把
种子拿出来进行晾晒，也是可以避免虫蛀的。所以说"勤劳是个宝"，这句话可真
是对着呢！

绿豆刚播完种子的当天如果遇上了大雨，土壤结成块的话，
地里面可就长不出豆苗来了。所以，这个时候就要注
意防水了。即便是绿豆长出了苗子以后，也还要防
止雨水的浸泡，要及时地把田地里的积水给排
出去。

→豌豆，也是一种很常见的豆子。这种
豆子上通常会有黑色的斑点，形状圆圆的，有
点儿像绿豆，但是又比绿豆要大上一些。豌豆
一般会在十月左右播种，等到第二年五月的时候
就可以收获了。

豌豆

→ 小豆，这种豆子的古名有"荅""小菽""赤菽"等，还有"红小豆""赤豆""赤小豆""米豆""饭豆"等多个种类。小豆里最常见的就是红小豆，它可以入药，有着利尿通淋、除湿退黄的功效。与红小豆相比较的话，另外一种白小豆似乎就更加实用了。白小豆也被叫作饭豆，这主要是因为它可以当饭吃，一锅白米饭里掺上一些饭豆，味道就会更加美妙。小豆通常是在夏至的时候播种，等到九月份的时候就可以收获了。

小豆

其他的豆类，还有豇豆、虎斑豆、刀豆、胡豆等，宋老师我就不再一一详细叙述了。这些豆子都是普通百姓用来佐餐或者说代替粮食吃的，我们如果想要增长自己的见识，又怎么可以忽视它们呢！

　　无论种植的是绿豆还是大豆，耕地时都应该要尽量追求浅。这是为什么呢？主要是因为豆子其实是一种根短苗直的作物，如果耕土太深的话，豆芽就会被土块给压弯，导致最起码会有一半的豆芽长不出苗子来哩。所以"深耕"是完全不适用于豆子一类的植物的。

脱去谷物的"外衣"

宋子曰:"天生五谷以育民,美在其中,有'黄裳'之意焉。稻以糠为甲,麦以麸为衣,粟、粱、黍、稷毛羽隐然。播精而择粹,其道宁终秘也。饮食而知味者,食不厌精。杵臼之利,万民以济,盖取诸'小过'。为此者岂非人貌而天者哉?"

谷物收获以后，并不是直接就可以食用的。如稻谷有壳，麦粒也有皮，真正可以食用的是外壳里面的东西。那么，怎么才能把它们精华和美好的部分从外壳中剥离出来呢？这就又要感谢我们祖先的无穷智慧了。

米是从哪儿来的呢？

一般来说，稻子收割了以后就要进行脱粒。脱粒的方法中，通过用手握稻秆，把稻秆摔打在木桶或者石板上来脱粒的大约占了一半；而把稻子铺在晒场上，用牛来拉石磙进行脱粒的则占了另外一半。脱粒的方式是要根据天气的情

在稻田里摔打稻谷进行脱粒与在晒场里脱粒的手法和用具略有不同

况来决定的。通常情况下，等到稻子收获的时候，如果遇上了多雨少晴的天气，稻田和稻谷就会很潮湿，这个时候就不能把稻子收到晒场上去脱粒了，所以人们一般会选择用木桶在田地里就地脱粒。但是如果遇上晴天的话，稻子就会很干，这个时候就很适合使用石板来脱粒了。

用牛拉石磙在晒场上压稻谷以脱壳，可足足要比手工摔打省上三倍的力气呢。但是对于那些想要留着用来当稻种的稻谷而言，由石磙的重量带来的压力可能就有些大了，这样很可能会磨掉保护谷胚的壳尖，从而导致种子的发芽率降低。所以在南方，种植水稻比较多的人家，虽然人们处理大部分的稻谷都还是会选择用牛力来脱粒，但他们也会把那些想要留下来当作种子的稻谷单独择出来，放到石板上摔打脱粒。

老牛已经完成了工作，卸下了石磙，悠闲地到一旁休息，剩下的清扫任务就交由主人去完成吧

去除秕谷

对于农民来说，长得最好的稻谷应该是其中九成是饱满的谷粒，只有一成是秕谷（读bǐ gǔ，指籽实不饱满的谷粒）。但是在那时的生产力水平下，想要整块田地里都是好收成的话，只可能是梦里才会出现的场景呢。那么收获稻谷以后，需要怎么做来去掉秕谷呢？

在大面积种植稻子的南方，那里的人都倾向于用风车把秕谷给扇去。但是在种植稻子相对比

南方的农民用风车扇去秕谷

较少的北方，人们大多会使用扬场的方法，也就是用扬麦子和黍子那样的办法来扬稻子。这样的操作虽然不如南方用风车方便，但已经是最适宜的方法了。

去掉谷物的外皮

人们把稻谷去掉谷壳用的是砻（lóng），去掉糠皮用的是舂（读chōng，指把东西放在石臼或乳钵里捣掉皮壳或捣碎）或者碾。但是用水碓（duì）来舂的话，就可以借用水力来同时发挥砻的作用了。不过，如果是处理干燥的稻谷的话，也可以用碾加工而不用砻了。

常见的砻有两种：一种是用木头做的，叫作"木砻"。人们先锯下一尺多长的

水碓示意图

木砻加工示意图

原木（多用松木），然后将木头砍削并合成磨盘的形状，接着在两扇都凿出纵向的斜齿，并在下扇上安装一根轴穿入上扇，最后把上扇中间挖空以便稻谷能够从孔中注入进去，经过这样的流程，一个木砻就做好啦。用木砻加工的一个很大的好处就是，即使是不太干燥的稻谷也不会被磨碎。

土砻加工示意图

另外一种是土砻。土砻的做法相对来说会更简单一些。要做一个土砻的话，人们需要先破开竹子，将它们编织成一个圆筐，然后把中间用干净的黄土填充压实，接着在上下两扇都镶上竹齿，最后再在上扇上安装一个竹篾漏斗用来装稻谷就可以了。一般情况下，人们会把稻谷从上扇用竹篾围成的孔中注入，这种土砻的装谷量可要比木砻多上一倍哩。但是只要稻谷稍微潮湿一点儿，在土砻中就会被磨碎。

你知道吗？

使用木砻的必须是身体强壮的劳动力，而土砻就不同了，即使是体弱或力小的妇女和儿童也能胜任。所以，土砻可以说是一个很"接地气"的工具呢。

让我们一起舂、舂、舂！

稻谷在用砻磨过以后，就要用风车扇去糠秕了，然后再倒进筛子里团团筛过。筛过以后，稻米就要放到臼里舂了。臼根据容量的大小分为大臼和小臼。大臼的容量是五斗（约合37千克），小臼的容量大约为大臼的一半。接着，把一条横木穿插到碓头里去（碓嘴一般是用铁做的，人们用醋滓将它和碓头黏合上），然后用脚踩踏横木的末端来舂米。

春碓示意图

知识链接！→

"吃糠咽菜"可以用来形容生活的贫困与艰辛，它的反义词是"酒足饭饱"或者"锦衣玉食"。

不过在人口不多的人家，人们一般会截取一段木头做成手杵，用木头或石头凿成臼来春米。春过以后，糠皮都变成了粉，叫作"细糠"，可以用来喂猪和狗。遇到荒年的时候，人也是可以吃这些糠的。细糠被风车扇净以后，糠皮和灰尘都被去除干净，留下来的就是加工出来的大米了。

更省力的方式

在古时候，利用水力来进行生产加工可是要比人工省事得多呢！

水碓是住在河边的人们创造的，用它来加工稻谷、麦子的话，要比人工省力十倍左右，所以人们都乐意使用水碓。水碓的工作原理其实和利用筒车来引水灌田差不多。至于要设多少个臼，其实是没有一定的限制的。通常情况下，如果流水量小并且地方狭窄的话，也就只需要设置两到三个臼就可以了；但如果流水量大而且地方又宽敞，那么并排设置上十个臼也是不成问题的。一般来说，建造水碓的困难主要在于埋臼地点的选择，如果臼石设在地势比较低的地方，就很可能会被洪水淹没；但倘若臼石设在地势太高的地方，那样水又很难到达那里。

　　建设水碓的好处在于它还可以"一举三用"：利用水流的冲击来使水轮转动，人们可以用第一节带动水磨磨面，用第二节带动水碓舂米，第三节用来引水浇灌稻田。三节水轮都充分发挥了作用，可真是精妙非常啊！这恰恰体现了我国古代先民的伟大智慧呢！在使用水碓的河滨地区，那里有很多人一辈子都没有见过砻，他们的稻谷去壳与糠皮始终用的都是臼。

水磨作坊的主体建筑分为上下两层，上层为磨面机和罗面机的工作间，下层则用来安置引水槽和卧水轮机构。所谓"水转连磨"，就是以平轮与侧轮的结合，同时带动多盘磨一起运转

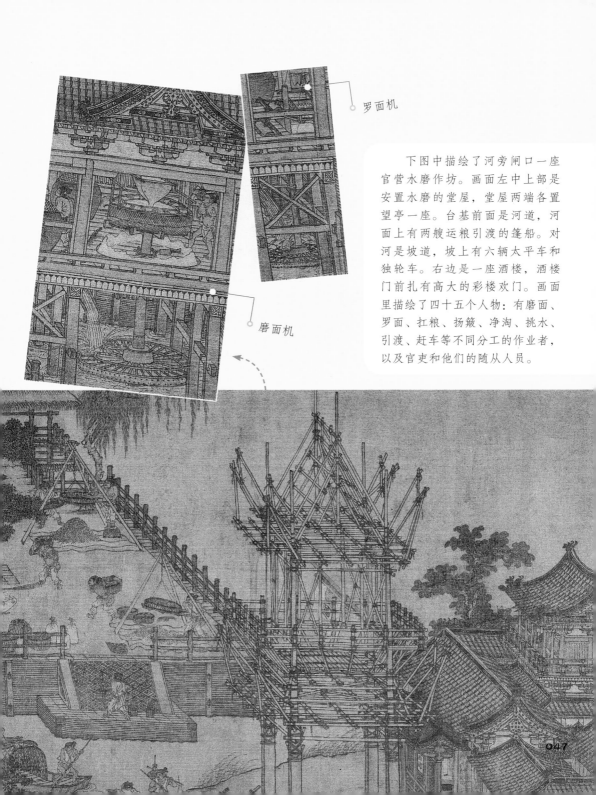

罗面机

磨面机

下图中描绘了河旁闸口一座官营水磨作坊。画面左中上部是安置水磨的堂屋，堂屋两端各置望亭一座。台基前面是河道，河面上有两艘运粮引渡的篷船。对河是坡道，坡上有六辆太平车和独轮车。右边是一座酒楼，酒楼门前扎有高大的彩楼欢门。画面里描绘了四十五个人物：有磨面、罗面、扛粮、扬簸、净淘、挑水、引渡、赶车等不同分工的作业者，以及官吏和他们的随从人员。

农民用摔打的方式
给小麦脱粒

脱麦皮吃面粉

　　对小麦来说，它的精华部分就是面了。就像人们想要得到稻米，就需要对它进行很多次的加工那样，如果想要得到小麦最精粹的部分的话，人们也是要对其进行多次的加工。

　　→收获小麦的时候，人们要用手握住麦秆进行摔打来脱粒，在这一点上，是和稻子手工脱粒的方法相同的。

　　→至于去掉秕麦，在北方人们大多会用扬场的办法。扬场也是有一定的条件要求的，很重要的一点就是不能够在屋檐下，而且一定要等有风的时候才能进行。如果没有风或者遇到下雨天的话，都是不能扬场的。

簸扬要选在开阔一点儿的地方，同时最好是在有风的时候进行

→把小麦扬过以后，还要用水淘洗，从而把麦子上的灰尘与污垢完全清洗干净，接着再把麦子晒干，然后再入磨就可以了。

开始磨面啦

磨面粉就需要一种非常重要的工具——磨。关于磨的大小和磨料的粗细应该根据个人的需要而定。一般来说，大一点儿的磨是要用肥壮有力的牲畜来

知识链接！→

"卸磨（mò）杀驴"是一个成语，意思是磨完东西后，把拉磨的驴卸下来杀掉。比喻把曾经为自己出过力的人一脚踢开。

拉的，比如牛拉磨和驴拉磨。而小一点儿的磨，因为不需要太多的力气来拉动，通常只需要用人来推就可以磨面了。

不过，即使是牛和驴这样的牲畜，围绕着小小的磨一圈又一圈地转，也是很容易会眩晕的。为了避免这种情况的出现，人们又开动脑筋，想出了十分巧妙的解决办法，那就是在牛或者驴拉磨的时候用桐壳来遮挡住它们的眼睛。这样的话，它们就没有那么容易晕了。

跟前面提到的稻子一样，麦子也是可以使用水磨来进行加工的，加工方法也是和稻子一样，而且使用水磨的效率可是要比前面提到的牛驴拉磨的效率高出三倍呢。

不管是用牛驴拉磨还是水磨磨面，人们一般都要在磨的上方悬挂上一个上宽下窄的袋子，然后在里面装上几斗小麦，这样麦子就能够慢慢地自动滑入眼里去，可以省下很多工夫了！不过，用人力来推磨的话，就用不着这样的袋子了。

驴拉磨

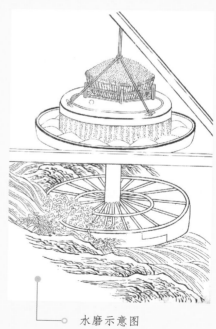

水磨示意图

把面过过筛

等到麦子被磨过以后，还要经过多次的入罗加工才能得到最优质的面粉。事情虽然烦琐，但是勤劳的人们从来都是不怕辛苦，精心劳作的。

罗的底一般都是用丝织的罗地绢制作而成的。这种罗地绢对丝的材质也是有要求的，如果是用浙江湖州一带出产的丝织制而成的罗地绢做罗底，这样的罗就算是罗上一千石左右的面也坏不了。而如果是用其他地方出产的黄丝织成的罗地绢，往往罗过一百石左右的面就会坏了。古时候，面粉不易保存，在寒冷的季节里一般可以存放三个月左右，而在春夏时节往往存放不到二十天就会因为受潮而变质了。所以那时候，人们为了吃到的面能质真味美，通常都会随磨随吃。

面罗

小米、芝麻、豆子的加工

在了解了水稻和麦子的加工方法以后，相信大家都对其他谷物的加工方法也产生了兴趣。那么接下来，宋老师就给大家讲一讲吧！

右下的农民手持簸箕在顺风扬簸小米，注意要选择开阔一点儿的地方，同时最好在有风的时候进行

▶ 小米

请先听老师总结一下小米加工的方法："凡攻治小米，扬得其实，舂得其精，磨得其粹。风扬、车扇而外，簸法生焉。其法箆织为圆盘，铺米其中，挤匀扬播。轻者居前，簸弃地下；重者在后，嘉实存焉。凡小米舂、磨、扬、播制器，已详《稻》《麦》之中。唯小碾一制在《稻》《麦》之外。北方攻小米者，家置石墩，中高边下，边沿不开槽。铺米墩上，妇子两人相向，接手而碾之。其碾石圆长如牛赶石，而两头插木柄。米堕边时，随手以小彗扫上。"

接下来，老师就来给大家解释一下。首先，小米收获以后，一般要先把它们给扬干净，之后就得到了实粒。然后经过舂这个流程，就可以得到小米啦。如果再把小米磨一磨，还能得到小米粉呢。

说到扬小米呀，常见的方法除了风扬与车扇这两种以外，还有一种方法叫作"簸"。首先要把箆条给编成簸箕（bò ji），接着再把小米铺在上面，最后均匀地扬簸就可以了。在簸的过程中，那些变质的小米由于重量比较轻，就会被扬到前面去，接着从箕口被丢弃到地下；而优质的小米，由于重量比较足，就会被留在簸的后面，这样到最后留下的就都是饱满的实粒了。

小碾加工

　　小米在加工时也要用到的舂、磨、扬与播的工具，用法基本跟前面提到的处理麦子和水稻的差不多，所以就不再重复介绍啦。不过，这里要特别介绍一下小碾这个工具，因为这是前面所没有提到的。

　　北方用小碾加工小米的时候，通常会在家里安置上一个石墩，这种石墩一般是中间高、四边低，边沿没有开槽。碾石是长圆形的，有点儿像牛拉的石磙子，只是在这种石磙子的两头会有木柄而已。由于小碾比较轻，妇女都可以轻易操作。碾米的时候，先把小米铺在石墩上，然后两个妇女面对面，

黍稷粟粱的加工都可以用小碾来完成

相互用手交接着碾柄来碾压就可以了。等到小米落到了碾的边沿时，人们就可以随手用小扫帚给它们扫进容器里。所以说，如果家里有了这种工具的话，人们也就用不着杵臼来舂捣粮食了。

▶ 芝麻

　　芝麻的加工方法相对来说就要更简单一些了。等到芝麻被收割以后，人们会先把它们放到烈日底下晒干，接着扎成小把，然后左右两只手各自拿着一把相互拍打。经过这样的拍打，芝麻壳就会裂开，芝麻粒也就随之脱落下来了。人们事先在地上铺一张席子，就可以用来接脱落的芝麻粒了。脱粒之后，最好还要再把这些芝麻粒给筛一

筛。筛芝麻粒的这种筛子和小的米筛的形状基本相同，但它的筛眼要比米筛密五倍左右。这样子的话，芝麻粒能从筛眼中落下，而那些叶屑和碎片之类的杂物就可以浮在筛子上面被抛掉了。

▶ 豆子

至于豆子这一类的农作物，等到收获以后，如果量少的话，人们就会用连枷来脱粒；如果量很多的话，最省力的办法仍然是把它们铺在晒场上，在烈日下晒干，然后用牛拉石磙来脱粒。

打豆子用的连枷，一般是用竹竿或者木杆作柄，然后在柄的前端钻个圆孔，最后拴上一条长约三尺左右的木棒。打豆子的时候，人们会先用连枷来甩打，等到豆子被打落以后，再用风车扇去荚叶，最后再筛上几遍，就可以得到饱满的豆粒入仓收藏了。所以，"芝麻用不着舂和磨，豆类用不着硙（wèi）和碾"这句话说得可是很有道理的。

连枷由一根长手柄和一组平排的竹条或者木条组成，用来拍打谷物、豆子、芝麻等，使其脱壳，籽粒留下来

去历史中"打油"

宋子曰："凡油供馔食用者，胡麻（一名脂麻）、莱菔子、黄豆、菘菜子（一名白菜）为上。苏麻（形似紫苏，粒大于胡麻）、芸薹子（江南名菜子）次之，樆子（其树高丈余，子如金罂子，去肉取仁）次之，苋菜子次之，大麻仁（粒如胡荽子，剥取其皮，为绠索用者）为下。燃灯则柏仁内水油为上，芸薹次之，亚麻子（陕西所种，俗名壁虱脂麻，气恶不堪食）次之，棉花子次之，胡麻次之（燃灯最易竭），桐油与柏混油为下（桐油毒气熏人，柏油连皮膜则冻结不清）……"

光是人类生活中必不可少的东西。生活在科技时代的现代人可以用电灯来驱散夜晚的黑暗，那么生活在古代社会的人们怎么办呢？就只能通过点油灯来获得光亮了。

油对于古人来说，可是一种在生活中几乎离不开的东西呢。比如，车轴只要有少量的润滑油，车轮子就可以灵活地转动起来；船身有了一层油灰，缝隙就可以完全填补好；乃至切碎的蔬菜放入锅中烹调，也需要油。那么，人们用到的这些油是从哪里来的？在生活中具体又要如何使用它们呢？在这一部分里，宋老师就来帮助大家了解一下古代的"油"。

谁的油最好吃？

"民以食为天"，咱们首先要讲的就是食用油啦！

在所有的食用油之中，以胡麻油、萝卜籽（莱菔子）油、黄豆油和大白菜籽油等为佳。顾名思义，这些油就分别是从胡麻子、萝卜籽、黄豆以及大白菜籽中提取出来的，都是这些植物子的精华呀！

萝卜（莱菔）

苏麻油则是从苏麻子中提取出来的，苏麻子的形状有一些像紫苏的籽实，但它的颗粒要比芝麻粒大一些。油菜籽油从油菜花的籽里加工而来，在中医上还具有治肠梗阻、汤火灼伤与湿疹的功效呢！苏麻油和油菜籽油比起前面提到的几种植物油要差上一些。

白菜花

而茶籽油和苋菜籽油就要更差上一些了。其中，茶籽一般生长在茶树上，茶籽的外形有些像金樱子，外面还包裹着一层茶肉。苋菜籽油从苋菜籽里得来，苋菜的种子是一种黑色的颗粒状的物质，晒干以后还可以直接入药，有着补益气血、增强体质的作用呢。大麻仁油就是最下品了，除了籽有用以外，大麻的皮还可以用来搓制绳索，油渣可以当作饲料，也是用处多多了。

山茶树，世界四大木本油料之一，也是我国特有的一种纯天然高级油料

谁的油可以做燃料？

可以用来当作燃料的油也是有很多呢！如果是用来点灯的话，需要的油料就以乌桕（jiù）水油为最佳，油菜籽油次之，亚麻籽油和棉籽油又次之，桐油和桕混油就是最下品了（桐油毒气熏人，而连皮膜榨出的桕混油则凝结不清）。

如果是用来制造蜡烛的话，那么桕皮油就是最适宜的油料了，蓖麻籽油和加了白蜡凝结的桕混油位于其次，加白蜡凝结的各种清油又位于其次，樟树籽油则再其次，冬青子油还要更差一些。而北方普遍用到的牛油，就是非常下等的劣质的油料了。

蓖麻

亚麻

谁出的油最多？

不同农作物的出油量有区别，这里面的学问可是大着呢！比如说，胡麻、蓖麻子和樟树子这一类的作物，每石可以榨出四十斤左右的油。油菜籽每石一般可以榨油三十斤，但是如果能除草勤、土壤肥、榨的方法又得当的话，也是可以榨出四十斤左右的油来的。但要注意的是，如果把油菜籽放上一年左右的话，它就会变得内空而没有油了。茶

苋菜

籽每石可以榨油十五斤，这种油的味道像猪油一样好，但榨油以后得到的枯饼就只能用来引火了。桐子仁（油桐树的籽实）每石则可以榨出三十三斤左右的油。柏树的子核与皮膜分开榨时，可以得到皮油二十斤和水油十五斤，混合榨时则可以得到柏混油三十三斤。莱菔子（读lái fú zǐ，即萝卜籽）每石则可以榨出二十七斤左右的油，而且榨出来的油味道通常都很好，对人的五脏也是很有好处的。黄豆每石大约可以榨出

乌桕

九斤油，而榨油剩下的豆枯饼还能作为猪的饲料，可以说能物尽其用了。大白菜籽每石可以榨油三十斤，榨出来的这种油清澈得就好像绿水一样。苋菜籽每石可以榨油三十斤，油的味道甘甜可口，但稍微有些冷滑。亚麻仁与大麻仁每石则可以榨出二十多斤的油。

油是怎么来的？

古人榨油，根据要制取的油的种类不同，所用到的方法往往都是不一样的。有一种是用两个锅煮取的方法，这一般是用来制取蓖麻油和苏麻油的。研磨法和舂磨法，常常是被用来制取芝麻油的。除了这几种制取方法外，其他的油就都是用压榨法制取的了。

▶ 工具

榨油的榨具通常都非常大，结构上也是很复杂的。樟木是最合适做榨具的材料了，檀木和杞木比起樟木来就要差一些了，因为这两种木头比较怕潮湿，会容易腐朽。不过，这三种木材有一个共同的好处，那就是它们的纹理都是缠绕扭曲的，没有纵直的纹路，所以当人们把尖的楔子插到木头里面，并且尽力舂打的时候，木材的两头是不会拆裂的。在这一点上，这三种木材可要比其他有直纹的木材要好上很多。

如果找不到可以两臂抱围的大树该怎么办呢？人们就想出了一个好办法：首先要把四根粗细差不多的木料给拼合起来，然后用铁箍箍紧，再用横栓拼合起来，最后还要把中间的部分给挖空。经过这样的工序，即使没有足够粗的树木，人们也可以把散木当作完整的木材来使用啦！

传统的榨油坊主要由碾盘、双灶台、油槽木和悬空的油锤组成。

挂绳

支架

进桩

尖楔

油槽木

油锤

导油口

油胚饼要用稻
草包扎成饼状
紧密码放

储油罐

榨具通常由周长达到双臂伸出才能环抱的木料做成，中间部分还要挖空以安放用于压榨的油料，撞木要用铁圈箍住头部，以免被撞散，圆木下的小槽用来导油。其操作方法是首先将芝麻烘炒、捣碎、甑蒸、制饼，然后用稻草包扎成饼，加铁箍束紧后叠放于槽内，在油饼的一侧塞进木块，通过撞击木块间的三角形楔块，对油饼不断进行挤压，油脂通过底盘凹槽汇集到储油罐

▶ 过程

　　传统的榨油工艺包括炒干、碾粉、蒸粉、做饼、入榨、出榨和入缸共七个步骤。

　　以榨油菜籽油为例：先将新采的油菜籽倒入锅中炒干→将其碾碎→放进木甑里上锅蒸熟→用稻草包裹后外面用铁箍箍紧做成饼胚→将饼胚填入榨槽，装上木楔开始榨油→待油榨尽后撤去进桩和尖楔→将榨出的油倒入大缸里储存。

知识链接！→

成语"添油加醋"比喻叙述事情或转述别人的话，为了夸大，添上原来没有的内容。那么，你知道"油嘴滑舌""火上浇油""油尽灯枯""油然而生"又是什么意思吗？

水煮法制油

水煮法就要简单一些了。一般会同时使用两个锅，首先将蓖麻子或者苏麻子全部碾碎，接着放入同一个锅里，然后加水煮到沸腾，浮起来的泡沫就是油了。这个时候，人们就可以用勺子把浮油给撇出来，然后倒入另一个没有水的干锅里面，接着在下面用小火慢慢地熬干水分，就可以得到油了。

神奇的皮油

皮油也被称为桕脂或桕油，这种油一般指的是从乌桕子壳外层取得的白色蜡状的物质，可以用来制造蜡烛与肥皂等生活用品。那么，这种皮油到底是怎么制造出来的呢？接下来，我们就一起来了解一下吧！

第一件要做的事情就是把洁净的乌桕子整个儿放到木甑里面去蒸，蒸好了以后，把它们倒入臼内舂捣。通常情况下，经过仔细的舂捣之后，乌桕子的核外包裹着的蜡质就几乎全部脱落了。这个时候，人们可以把乌桕子给挖出来，接着把蜡质层给筛掉，放到盘子里继续蒸，然后再像前面提到的那样包裹入榨就好啦。经过这样的流程，人们就可以得到包裹在乌桕子外的皮油啦！

外面的这种皮油全部脱落以后，里面剩下的黑籽也不要扔，它们还可以用来制造水油哩！怎么做呢？可以用一个不怕火烧的、冷滑的小石磨来处理。处理黑籽的时候，人们要先在它们的周围堆满烧红的炭火加以烘热，接着一把一把地把黑籽投到磨里去。等到黑籽磨破以后，再用风把零碎的黑壳给扇掉，剩下的就全都是白色的子仁了。等到把这种白仁碾碎上蒸以后，就可以继续用前面所提到的方法包裹与入榨了。用黑籽榨出来的这种油叫作"水油"，十分清亮，如果把它们装入小灯盏中的话，只要用一根灯芯草就可以点燃到天明了。在这一点上，其他的清油可是都比不上它呢。

趣味转移

　　用皮油可以制作蜡烛。首先要把竹筒破成两半，然后放到水里煮，一直煮到漂起来为止，不然的话筒的内壁就很有可能会黏上皮油。接着，用小篾箍把竹筒固定起来，然后向里面灌入皮油，最后再插进一根烛芯。等到蜡凝结了以后，就可以顺着筒捋下篾箍，打开竹筒，把蜡烛给取出了。

厨房里的调味家族

宋子曰："天有五气，是生五味。润下作咸，王访箕子而首闻其义焉。口之于味也，辛酸甘苦经年绝一无恙。独食盐禁戒旬日，则缚鸡胜匹，倦怠恹然……四海之中，五服而外，为蔬为谷，皆有寂灭之乡，而斥卤则巧生以待。""气至于芳，色至于艳，味至于甘，人之大欲存焉。芳而烈，艳而艳，甘而甜，则造物有尤异之思矣。"

毫无疑问地，我们每天吃的粮食给我们的身体提供营养。但如果只吃粮食的话也是不好的，还需要一些"调味料"来给我们每天的饮食增加一些味道，为我们的身体提供所需要的元素。除此以外，我们中国菜之所以能够扬名海外，也跟调味料的运用密切相关。所以在这一部分，我们就一起来了解一下中华传统的调味品。

"百味之王"的盐

"天有五气，是生五味。润下作咸，王访箕子而首闻其义焉。口之于味也，辛酸甘苦经年绝一无恙。独食盐禁戒旬日，则缚鸡胜匹，倦怠恹然。岂非'天一生水'，而此味为生人生气之源哉？四海之中，五服而外，为蔬为谷，皆有寂灭之乡，而斥卤则巧生以待。孰知其以然？"对于人类来说，饮食中最常尝到的有辣、酸、甜、苦与咸这五种，被称为"五味"，它们丰富着我们的日常饮食。而在这五味之中，除了盐以外，人们无论长期缺少其中的哪一种，对人的身体都没有多大的影响，可见盐对人体的重要性。

你知道吗？

如果人连续10天没吃到盐的话，就会像得了重病一样，整天无精打采、软弱无力。但是盐吃多可能会引起高血压、脑卒中、冠心病等疾病，所以要合理摄入盐。

食盐的种类与分布

　　食盐的种类非常多，大体上可以分为海盐、池盐、井盐、土盐、崖盐和砂石盐这六种，不过，在我国东部少数民族地区出产的树叶盐和西部少数民族地区出产的光明盐是不被包括在这六种里面的。从盐的分布来看，在我国广阔的领土之中，海盐的产量大约占了总量的五分之四，其余的五分之一就是井盐、池盐和土盐等盐类了。在这些食盐中，有的是靠人工提炼出来的，有的则是天然生成的。总之，凡是在交通运输不便、外地食盐难以运到的地方，大自然都会友好地就地提供食盐以满足人们日常之用呢。

▶ 海盐

　　海盐是较早被人类开发利用的盐种，在时间上可以追溯到距离现在5000年前的"五帝"时代呢。在我们国家，海盐的产量之所以能这么丰富，除了跟地理位置上临海有关之外，大概还因为海水本身便具有盐分吧。在海滨地区，地势高的地方叫作潮墩，而地势低的地方就叫作草荡了，这些地方都能够出产盐。

　　不过，虽然同样是海盐，但制取所用的方法却各不相同。一种方法是在海潮不能浸漫的岸边高地上取盐，一般取盐的各户都有自己的地段和界线，互不侵占。取盐对天气也有一定的要求哩！一般来说，如果人们推算到第二天会天晴的话，就会在当天把一寸多厚的稻、麦稿灰以及芦苇、茅草灰遍地撒上，接着压紧并使它们平均分摊开来。等到第二天早上，由于地下湿气和露气都很重，灰下就会结满盐茅。再等上一些时候，过了中午雾散天晴了，人们就可以将灰和盐一起扫起来，拿去淋洗和煎炼了。

第二种方法是在潮水比较浅的地方，不需要撒灰，等到潮水过去以后，只要第二天天晴，半天就可以晒出盐霜来，这个时候要赶快扫起来，加以煎炼就好。

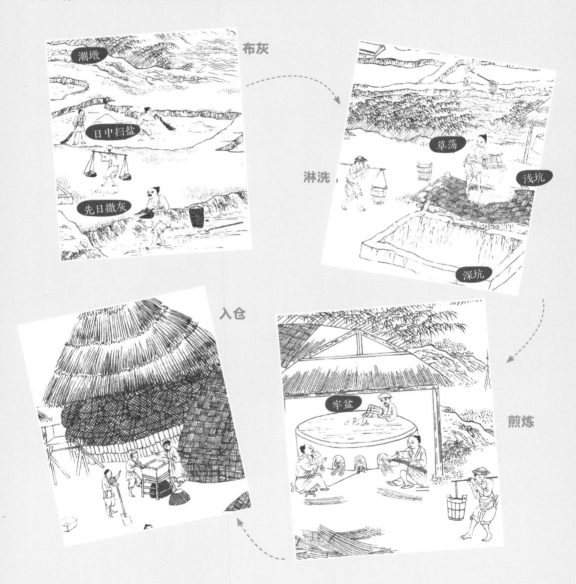

第三种方法比起前面的两种要更复杂一些。首先要在能被海潮淹没的地方预先挖掘一个深坑，然后在上面横着架上竹子或者木棒，接着在竹木上铺苇席，苇席上铺沙。等到海潮盖顶淹过深坑的时候，卤气就会通过沙子渗入坑内了。最后再将沙子和苇席撤去，用灯向坑里照一照，当卤气能把灯冲灭的时候，人们就可以取卤水出来煎炼了。

总之，无论是以上三种方法中的哪一种，成功的关键都在于能否天晴，毕竟盐是"晒出来"的嘛！

你知道吗？

在江苏淮扬一带的盐场，人们靠日光把海水给晒干，所得的盐叫作"大晒盐"，只需要扫起来就可以食用了。此外，还有人会利用海水中顺风漂来的海草经过熬炼制出盐，这种盐叫作"蓬盐"。

▶ 池盐

池盐也称湖盐，是我国较早被先民发现并且开发利用的一种盐类。在文字记载中，人们利用池盐最早可以上溯到5000多年前"炎黄"时期呢，而且关于池盐的由来，在我国古代的民间还流传着神牛造盐池的传说哩。

又是一个传说

据说在很久很久以前，无论是在天宫，还是在人间，盐都是特别稀缺贵重的。在天宫里面有一头神牛，这头牛十分嘴馋，把玉皇大帝的盐给偷吃了。玉皇大帝知道后，暴跳如雷，一怒之下将神牛贬到人间，让其受苦受难。神牛来到人间以后，也开始后悔自己的过错了，它先后去过中原大地、江南水乡、塞外高原，想要寻找

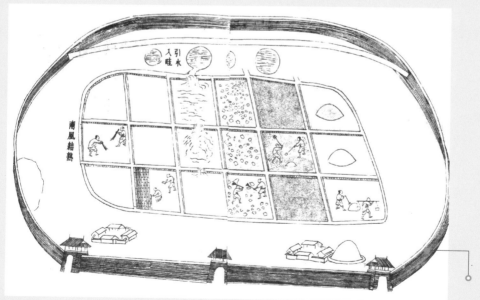

池盐生产
示意图

一个处所，为人类造一个盐池。可是，哪边的农民、渔夫和牧民，都不情愿让它占用他们的农田、湖泊或者牧场以造盐池。后来，神牛来到了黄河之滨的**中条山**下，这里的山民对它十分欢迎，愿意让它落脚。于是，神牛就卧在中条山下，把自身的躯体化成了一个盐湖。这就是神话中池盐的由来了。

我国主要有两个池盐产地，一处是在宁夏，那里出产的食盐主要是供给边远地区食用；另外一处就是山西解池了，解池就在前面提到的山西省中条山的北麓，也是传说中池盐的诞生地，那里出产的食盐可以供给山西与河南的人们食用。

一般来说，每到春季的时候，人们就要开始引池水制盐了。等到夏秋之交，南风劲吹的时候，引来的水一夜之间就能凝结成盐了，这种盐的名字叫"颗盐"，也就是古书上所说的"大盐"。为什么会叫作"大盐"呢？这大概是为了能和海盐相区分吧！因为海水煎炼出来的盐会更细碎，而池盐则呈比较大的颗粒状，所以得到了"大盐"的称号。

池盐一旦凝结成形以后就可以直接扫起来供给人们食用。不过，虽然盐对人们的日常生活来说意义非凡，但制盐者所得的报酬却没有想象中的那么丰厚。制盐的人，如果制成一石左右的盐上交给官府的话，也不过只能得到几十文的铜钱而已。

▶ 井盐

什么是井盐呢？它又是怎么被制作出来的呢？下面，宋老师就来给同学们讲一讲。

从盐井中提取卤水

　　但是在讲井盐之前呢，老师还要先问大家一个问题：你们知道古代南方丝绸之路吗？

　　同学们是不是困惑了，丝绸之路还有南北之分吗？没错！一般来说，平日里我们所说的丝绸之路，指的是由张骞开辟的北方丝绸之路，这条丝路运送着丝绸与瓷器，同时也把我们中华文化输送到国外。不过，在我国四川、云南等地，还有着一条鲜为人知的南方丝绸之路，这条神秘的丝绸之路主要承担着我国西南地区贸易和运输的重任。特别是，在这条丝绸之路上，还运输着一种你绞尽脑汁都想不到的重要的贸易货物——盐巴。其实啊，在南方丝绸之路最初形成的时候，盐才是最为主要的贸易货物呢！大量的盐巴被成批地运往缅甸、印度等地，换回象牙、玛瑙、珊瑚等名贵的货物。

　　不过，大家可能就会产生疑问了，从地理位置上来看，西南地区位于内陆，与海的距离较远，在理论上说，他们自己获取盐巴也是非常困难的，为什么他们还能有大量的盐巴用来进行贸易呢？这就不得不提到除了海盐和池盐以外，另一种我们现在非常常见的盐类——井盐了。

　　一般来说，通过打井的方式抽取地下卤水（天然形成或盐矿注水后生成），这样制成的盐就叫作井盐，而生产出井盐的这种竖井就叫盐井。

井盐的发源地

在我国的西南地区，产井盐最多的就是四川和云南了。其中，作为井盐的发源地，四川自贡所生产的井盐尤为突出，那里的燊（shēn）海井是自贡人的骄傲，它不但每天能自喷万余担的卤水，用井里的卤水熬出的井盐，杂质少、颗粒细腻，还不容易受潮，十分方便商人们在南方丝绸之路上进行长途的运输。

制取井盐

在古代所有的制盐工艺中，井盐的生产工艺是最为复杂的，但也是最能体现我们中国人的聪明才智的。

据说，早在战国末年，秦蜀郡的太守李冰就已经在成都平原开凿盐井，汲卤煎盐了呢。当时的盐井的口径比较大，井壁也非常容易崩塌，并且没有任何的保护措施，再加上井的深度比较浅，所以那时的人们只能汲取到浅层的盐卤。而到了北宋中期以后，川南地区开始出现了一种口小而深的卓筒井，这标志着我国古代深井钻凿工艺的成熟。此后，盐井的

纪录

清道光十五年（1835年），四川自贡盐区钻出了当时世界上第一口超过1000米的深井——燊海井。

深度不断增加。

在制盐过程中，还有一个严峻的问题是不可以忽视的，那就是杂质的分离。在那个没有过滤网和活性炭的时代，盐工们用什么来分离卤水中的杂质呢？

答案真是让人意想不到呢！居然是我们常见的早餐食物豆浆。在熬煮卤水的时候，只要将豆浆倒入锅中，它就会吸收掉碳酸钙等杂质。之后人们再把充满杂质的泡沫给捞出来，就能轻松地完成滤渣这样一道原本最烦琐的工序啦！

你知道吗？

古代的盐工除了会做盐以外，还发明了不少美食呢，比如四川的豆花和"火边子牛肉"。古时候在制盐的过程中，每次都会有剩余的大量豆浆，勤劳智慧的盐工们开动脑筋，于是一碗碗豆花就这样应运而生，流传至今。"火边子牛肉"也是随着盐的制作而产生的。在南宋的时候，四川自贡人发明了用牛推车代替人力提取卤水的技术。在那以后，盐厂的用牛量与日俱增。一旦牛失去了劳动的能力，盐商们只能将它们宰杀，把牛肉分发给工人们。为了方便保存，盐工们把牛肉切成了薄薄的小片儿，然后就地取材，用井盐和酱油腌渍，最后晾干并熏烤，"火边子牛肉"就这样诞生了。

盐是每个人每天都必需的用品，其中存在着巨大的商业利益，关系到民生，也牵涉到社会的稳定。因此，自古以来食盐的生产和销售一般都掌握在国家手里，不允许贩卖私盐。西汉时期曾经召开过"盐铁会议"，还就盐铁官营、酒类专卖等问题展开辩论，从而形成了一部非常著名的书，叫作《盐铁论》。

在打盐井的过程中，有了畜力的帮助可以节省不少人工

这里就出现了一家挂着"官盐"招牌的店铺

糖的故事

　　一提到糖啊，大家是不是都会有一种甜甜的感觉呢？的确，那甜蜜蜜的味道确实是太诱人啦！

　　当然，现代社会的糖大多都是由工厂的机械生产出来的。那么，在古代社会，糖是怎么制作出来的呢？人们经常吃到的糖又有哪几种？除了糖以外，还有哪些东西可以作为糖的代用品呢？接下来，宋老师就和大家一起了解一下吧！

▶ 甘蔗与糖

果蔗 ○
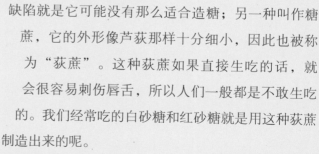

　　不知道大家平时喜不喜欢吃甘蔗呢？事实上，大多数的糖都是从甘蔗里提炼出来的。所以，如果我们要讨论糖的话，就要对甘蔗先有一个大概的了解。

　　甘蔗主要生长在南方，常见的甘蔗大致有两种：一种甘蔗是果蔗，它的形状像竹子一样，但又非常粗大，截断以后就可以直接生吃，并且汁液十分的甜蜜可口，缺陷就是它可能没有那么适合造糖；另一种叫作糖蔗，它的外形像芦荻那样十分细小，因此也被称为"荻蔗"。这种荻蔗如果直接生吃的话，就会很容易刺伤唇舌，所以人们一般都是不敢生吃的。我们经常吃的白砂糖和红砂糖就是用这种荻蔗制造出来的呢。

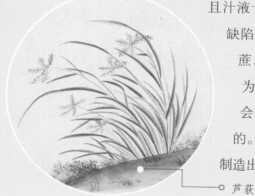
○ 芦荻

荻蔗怎样种出来

一般来说，在初冬要下霜之前，人们就要将荻蔗给砍倒，去掉头和尾，然后把它们埋在泥土里，等到第二年"雨水"节气的前五六天，趁天气晴朗的时候把荻蔗给挖出来，剥掉外面的叶鞘，然后砍成五六寸长的一段，这种长度以每段都要留有两个节为准。接着，把它们密排在地上，稍微盖上少量的土，让它们像鱼鳞似的头尾相枕。还要注意的是，每段荻蔗上的两个芽都要平放，不能一上一下，否则的话，向下的种芽就会难以萌发出土。

从甘蔗变成糖

那么，甘蔗究竟是经历了什么样的工序，才会转变成这种小小的颗粒——"糖"的呢？同样是由荻蔗制造的，为什么会有冰糖、白糖和红糖这三种不同的品种呢？

其实，这种不同是由荻蔗的老嫩不同而决定的。一般来说，荻蔗的外皮到了秋天的时候会逐渐变成深红色，到了冬至以后则会由红色转变为褐色，然后出现白色的蔗蜡。而在华南没有霜冻的地区，那里的荻蔗在冬天会被留在地里而不被砍收起来，这样就可以让它长得更好一些，以便于用来制造白糖。但是在那些十月份就会出现霜冻的地区，荻蔗就不能在地里停留太长时间了，需要赶紧砍伐下来，这种甘蔗可以用来造红糖。所以，霜冻是非常关键的一个因素了。

糖浆一般都是经过"糖车"的挤压而成形的。

造糖用的"糖车"是用每块长约五尺、厚约五寸、宽约二尺的上下两块横板，在横板两端凿孔安上柱子。其中，下端的榫头要穿过下横板埋在地下，使整个车身安稳而不摇晃。在上横板的中部凿两个孔眼，并排安放两根大木轴，两根木轴中一根长约三尺，另外一根长约四尺五寸，长轴的榫头露出上横板用来安装犁担。犁担是用一根长约一丈五尺（约5米）的弯曲的木材做成的，以便套牛辄使牛转圈走。轴端凿有相互配合的凹凸转动齿轮，两轴的合缝处必须又直又圆，这样缝才能密合得好。把甘蔗夹在两根轴之间一轧而过，就可以轧出糖浆了

　　一般来说，人们只要把甘蔗夹在两根轴之间一轧而过，经过压榨的甘蔗便会流出糖浆水了，接着人们再把蔗渣插入轴上的"鸭嘴"处进行第二次压榨，然后又压榨第三次，这样蔗汁就会被压榨尽了，而剩下的蔗渣还可以用作烧火的燃料。把甘蔗榨成汁以后，接下来要做的就是熬糖啦！

在取用蔗汁熬糖的时候，一般要先把三口铁锅排列成"品"字形，接着把浓蔗汁集中到一口锅里，并把浓蔗汁逐渐加入其余两口锅中。熬糖的时候，火力的大小也是非常重要的。如果是柴火不够而火力不足的话，哪怕只是少了一把火，也会把糖浆给熬成质量低劣的顽糖，这样产出来的糖满是泡沫没有什么用处。

熬糖

不一样的"西洋糖"

所谓"西洋糖"，其实也是蔗糖的一种。在我国南方的福建和广东一带，过了冬的时候，那里就会有成熟的老甘蔗。对于这种"老甘蔗"，它的榨糖方式与前面所讲的方法是一样的。等到熬糖的时候，人们就要通过注意观察蔗汁沸腾时的水花来控制火候了。一般来说，当熬到糖浆的水花呈细珠状的时候，可以用手捻试一下，如果粘手的话，就说明已经熬到火候了。这个阶段的糖浆可能会是黄黑色的，接下来就可以把它盛装在桶里，让它凝结成糖膏，然后再把瓦溜放在糖缸上。这种瓦溜一般上宽下尖，并且在底下还留有一个小孔。人们通常会先用草将小孔塞住，把桶里的糖膏倒入瓦溜中，等到糖膏凝固以后，人们就除去塞在小孔中的草，然后用黄泥水从上面淋浇下来，其中黑色的糖浆就会淋进缸里，而留在瓦溜中的就全都变成白糖啦！其中，最上面的一层糖大约有五寸左右厚，颜色洁白，被称为"洋糖"或者"西洋糖"。

另外，将"洋糖"加热融化，用鸡蛋清澄清并去除掉面上的浮渣，再将新鲜的青竹破截成一寸长的篾片，撒入糖液中，经过一夜之后就自然凝结成天然冰块那样的冰糖啦。

▶ 蜂蜜

我们在生活中形容一个人看起来很幸福甜蜜时，通常会说他是"泡在蜜罐子里长大的"；形容一个人嘴甜会说话，也会说他"嘴里抹了蜜一样"，可见在人们的生活中，蜜总是会代表着一些甜甜的、美好的事情，有着美好的含义。事实上，蜂蜜确实是我们厨房中除了糖以外，另外的一项重要的甜味品呢！

纪录

人们在非洲的津巴布韦马托波山上发现的一幅岩画，显示出古人为了得到蜂蜜，正将火把伸向蜂巢以熏逐蜜蜂，并且已经有蜜蜂从蜂巢里飞出。据说，这幅岩画距今已有7000年历史了。

在人类发现蔗糖和甜菜糖以前，蜂蜜可是人类唯一的甜味剂呢，所以说，人类利用蜂产品的历史十分久远。在早期，人类可能是极其偶然在空心树、木头或山洞中发现了蜂巢中的这种甜味物质，在此后逐渐开始利用起了这种甜甜的东西。

科学家们认为，至少在1.3亿年前第一只蜜蜂就已经诞生了。这就说明，早在远古时期，人们还在以采集天然植物和渔猎为生时，就已经学会了寻找蜂巢、掠食蜂蜜了。

什么是蜂蜜？

蜂蜜是蜜蜂从开花植物的花中采得花蜜，并在蜂巢中经过充分酿造而成的天然的甜物质。一般来说，勤劳的小蜜蜂们会先从植物的花中采取含水量约为75%的花蜜或分泌物，存入到自己的第二个胃中，接着在体内多种转化作用下，经过15天左右的时间反复酝酿后，将产生的这种糖存贮到巢洞中，用蜂蜡给密封住。而蜂蜜就是产生的这种糖的过饱和溶液，并且在低温的时候还会产生结晶。

野蜂的蜂巢通常采摘环境比较复杂，不能轻易获得

蜜蜂所酿造的蜂蜜，其中十分之八是野蜂在山崖和土穴里酿造的。根据蜜源植物种类不同，蜂蜜之间颜色的差别往往很大，诸如青色的、白色的、黄色的和褐色的。不过，通常情况下，越是颜色浅淡的蜂蜜，它的味道和气味就会越好。因此，蜂蜜的颜色既可以作为蜂蜜分类的依据，也可作为衡量蜂蜜品质的指标之一呢。

蜜存在哪里？

蜜蜂酿造蜂蜜的时候，要先制造出蜜脾才行。蜜脾是蜜蜂营造的酿蜜的"房间"，它的样子就像是一片排列整齐竖直向上的鬃毛一样，形状看起来有些像脾，所以也就被人们称为"蜜脾"了。蜜蜂靠吸食咀嚼花心的汁液，然后再一点一滴吐出来积累而成蜂蜜。养蜂人在割取蜜脾来炼蜜的时候，它的底层还有许多黄色的蜂蜡。对于那些在野外深山崖石上的、几年都没有割取过的蜜脾，当地人只要用长竹竿把它刺破，蜂蜜就会自然而然地流下来了。

吃得三斗醋，方得做宰相

醋可以说是我国各大传统菜系中都不可缺少的重要调味品了。早在远古时期，劳动人民就会以酒作为发酵剂来发酵酿制食醋了，并且东方醋也是起源于我国的。

趣味转移

"吃醋"出自宋人吕本中的"王沂公常说'吃得三斗酽醋，方做得宰相'，盖言忍受得事"。这句话用来比喻居于高位者应当气度恢宏，遇到事情要能宽容、忍耐，同"宰相肚里好撑船"是一个意思。而且古人也常常会有"肚量大如海，吃得下三斗醋"的说法呢。

不过，现代人提到"吃醋"的话，就是另外一种意思了，主要用来指嫉妒，这种说法其实也是跟唐代的一位人物——房玄龄有关。据说有一天，唐太宗打算赐房玄龄几名美女做妾，不料遭到了房玄龄的婉言谢绝。后来才知道，原来是房夫人坚决反对。李世民不由得大怒：堂堂皇帝的话，房夫人竟然敢不依！于是李世民就想出了一个办法，他叫人装好一壶"毒酒"，赏赐给房夫人，并传旨说："如不服从，请饮此毒酒自尽。"房夫人听了之后毫无惧色，端过酒壶就一饮而尽了。但过了一会儿，她只感到酸味扑鼻，满口酸水流出，人却安然无恙。李世民听到房夫人喝完醋的消息，不由得大笑起来，说："房夫人可真是个能吃醋的女人啊！"原来，壶中装的不是毒酒，而是醋呢。房夫人为维护一夫一妻制与和睦的家庭生活抗命喝醋原本是留给后人的一段佳话，但后世却逐渐把"吃醋"当作贬义词来用了。

自己做醋自己吃

由于原料、工艺、饮食习惯的不同，各地醋的口味相差很大。其中，历史比较悠久的当属始于五代时期的保宁醋了。保宁醋主要生产在今天四川阆中的古城，有着酸味柔和、醇香回甜的特点。而在我国北方，最著名的醋种当属山西老陈醋。在中原地区，最著名的是河南特醋。而在南方，影响最大的是镇江香醋和浙江米醋。下面，我们就来看看醋是怎么做出来的。

6 熏焙。盛醋的大缸被放到火上加热，以给醋上颜色，一般情况下需要熏焙9天，人们非常辛苦

7 淋醋。成熟的醋醅经过套淋，可以去除杂质，使醋液均匀淋出。淋醋过程中要给醋醅加盖，不能出现露天的现象，同时还要经常检查淋嘴的畅通情况，时刻保持设备及周围环境的清洁卫生

5 陈放，就是密封存放。没有添加任何防腐剂的醋酸浓度较高，可以存放很久，而且时间越久，醋味越醇香

4 发酵。把拌曲后的原料装入缸或坛内进行发酵。一般情况下，原料需要发酵十几天，其间，要不断地进行翻醅，以保证原料充分接触氧气

选粮。酿醋的原料除糯米外，还有诸如高粱、甘薯干、米糠等许多杂粮。由于各种原料的性质不同，所以配方和加工方法也有不同之处

2 蒸料。各种酿醋的原料必须先粉碎，然后入锅蒸熟蒸透，以有利于发酵和原料糊化均匀，加速糖化

3 拌料。把蒸熟的原料焖放十几分钟后摊开。晾至40℃以下，然后拌入曲及酵母、酵母液，翻拌均匀

添香增色的酱油

酱油俗称豉油，是我国传统厨房中一种常见的液体调味品，也是烹饪的基本调料之一。

你知道吗？

酱油主要由大豆、小麦、食盐经过制油、发酵等程序酿制而成。在烹饪过程中，酱油不仅能增加和改善菜肴的味道，而且还能改变或者增添菜肴的色泽哩！

在我国历史上，酱油被习惯性地称为"清酱""酱清""豆酱清""豉汁""豉清""酱汁"等。据说啊，酱油其实是古代人在做黄豆酱的时候偶然间发现的。蒸熟的黄豆在加入米曲后进行深度发酵的过程中，表面渗出来了一层层褐色水珠，"酱人"们就忍不住好奇尝了一口，结果发现："哇！好鲜美啊！"于是人们后来就专门制造这种酱油来作为调味料，这也就是我们国家最早的酱油啦。

不过，酱油出现的时间虽然早，但是直到宋代，"酱油"一词才明确见于历史文献的记载中。比如，苏轼就曾经在总结生活经验时写道："金笺及扇面误字，以酽醋或酱油用新笔蘸洗，或灯心揩之即去。"

▶ 背后的故事

"酱油"一词的出现，不仅在于它从此有了一个更加规范的雅称，更在于这种称呼背后所蕴含的历史文化内涵呢。

在我国古代，酱油的生产基本是传统的酱园模式，这也是我国酱油文化的特征之一。酱园，又被称作酱坊，指制作并出售酱品的作坊或者店铺。我国历史上的酱园规模一般都很小，通常是前店后坊的布局模式。因此，酱园同时具备生产加工和经营销售这两种职能。在历史上，酱坊的存在是十分广泛的，无论是通都大邑还是百家聚落的小邑镇，必定都会有酱园的存在。酱园不仅方便了城居百姓和四方来客的生活之需，同时也装点了城市文化。

古时候，酱油制作不易，它的食用方法也非常讲究。根据《周礼》中的说法，周天子每次正餐都要遵循制度摆上各种"酱"。然而用肉作酱毕竟成本较高，普通百姓无法负担得起。所以到了汉代，智慧的人们就发现，使用大豆等原料同样可以制作酱

→ 难以置信！

酱油早在几千年前就在皇室的饮食中占据了重要角色。《周礼·天官·膳夫》中记载，天子的饮食共有食、饮、膳、馐、珍、酱六大类，其中的酱就是指如今酱油的前身了。不过那个时期的酱油并不是以大豆和小麦制成，而是通过将动物的肉剁为肉泥，再进行发酵而成，称之为"醢（hǎi）"。

2 发酵、制曲

1 选豆、泡豆、蒸煮

3 拌曲、翻晒

4 抽油

5 售卖

酱油

油，于是酱油才渐渐平民化，上了寻常百姓家的餐桌。

从上面的内容我们可以发现，虽然在古代酱油就颇受欢迎，然而它更多是以肉酱、酱料的形式存在，同现如今液体的酱油有较大差别。这个问题，直到宋代才得到了根本的解决。

那个时候，酱油的生产原料简单、工艺渐趋成熟，只需用大豆、小麦、食盐、水等四种原料就可以制造出酱油了，这也被视为现代传统酱油的生产工艺起源。

它的制作方法是将大豆充分浸泡后高温蒸煮，随后在炒熟的小麦中添加微生物生成酱油曲霉，再混合食盐水在酿造池中发酵整整六个月，最后滤去渣滓、杂质，就可以得到醇香鲜美的酱油啦。

在这个过程中，大豆的蛋白质负责带来可口的味道，小麦的碳水化合物负责带来香味，食盐负责抑制杂菌的繁殖，而水则是色香味的载体。

随着酱油的生产技术进一步发展，各种酱油作坊也渐渐如雨后春笋般遍地开花。后来随着各国文化贸易的往来，酱油的生产工艺渐渐流入日本、朝鲜，以及东南亚的其他国家，我们的中华饮食文化也开始了在全世界传播的辉煌之旅。

　　在四川省邛崃市的西南部有一个火井镇，全镇总面积为65.54平方千米，因东汉时此处的地下井里经常冒火而得名。后来人们才知道，原来这里的地下蕴藏着丰富的天然气呢。宋应星在《天工开物》里也描述过："西川有火井，事奇甚。其井居然冷水，绝无火气，但以长竹剖开去节，合缝漆布，一头插入井底，其上曲接，以口紧对釜脐，注卤水釜中。只见火意烘烘，水即滚沸。启竹而视之，绝无半点焦炎意。未见火形而用火神，此世间大奇事也。"

　　可见，古人很早就知道利用天然气（当时称为井火）煮盐了呢。

井火煮盐

五谷精华做酒曲

宋子曰："狱讼日繁，酒流生祸，其源则何辜！祀天追远，沉吟《商颂》《周雅》之间，若作酒醴之资曲糵也，殆圣作而明述矣。惟是五谷菁华变幻，得水而凝，感风而化，供用岐黄者神其名，而坚固食羞者丹其色。君臣自古配合日新，眉寿介而宿痾怯，其功不可殚述。自非炎黄作祖，末流聪明，乌能竟其方术哉。"

同学们，我们国家酿酒的历史可以说是非常久远了。据考证，在原始社会的时候就已经很盛行酿酒了。举个例子来说，《诗经》中的"十月获稻，为此春酒"的诗句，就已经表明在我们国家，酒的兴起至少已经有三千多年的历史了，是不是很神奇呢！

酒是谁发明的？

关于酒的由来，流传最广的就是"杜康酿酒说"了。传说，杜康年少时以放牧为生，平时会将剩饭放置在桑树洞里，后来秫米堆积得越来越多并且在树洞里发酵了，还散发出了十分醇香的气味。杜康闻到气味感到十分好奇，最终在不断尝试之下发明了酒。杜康也就这样成了中国秫酒的发明者，并且被尊为了酒业的祖师。

事实上，在历史中也的确是有杜康这个人的，相传他是白水县康家卫人。在文献记载中，杜康凭着对高粱的认识，在总结了前人酿酒经验的基础上，创造性地用高粱来酿造酒。由于他酿酒的手艺高超，酿出来的高粱酒味道非常好，于是"杜康善酿"之说也就不胫而走了。

另外，民间还有"上天造酒"的说法呢。在古人看来，酒是天上的酒星的杰作。根据《晋书》中的记载："轩辕右角南三星曰酒旗，酒官之旗也，主宴飨饮食。"轩辕是我国古代便被命名的一颗星星，而酒星就在它的东南方。"酒旗星"的命名证明了酒在当时百姓日常生活和社会活动中占有着重要地位。我们也不得不钦佩古人的想象力与智慧了。

酒曲是怎么来的？

前面说了这么多关于酒的发明的传说，那么在古代社会里酒究竟是怎么酿造出来的？又经历了哪些生产流程呢？

在酒的生产过程中，除了作为原料的谷物以外，有一样东西可以说是非常重要的，那就是"酒曲"了。

酒曲属于一种糖化发酵剂，粮食里的淀粉和糖必须要经过发酵才能转化为酒，而发酵需要有一个媒介来促进粮食的糖化，这个媒介就叫糖化发酵剂，也就是"曲"。曲和老百姓家里蒸馒头用的酵母是一类东西，这就充分说明了它的重要性。曲里面的微生物和微量元素直接决定了酒的风格和味道，所以一般来说，酿酒是必须要用酒曲来作为酒引子的。酒曲中生长的微生物主要是霉菌，而对这种霉菌的利用可以说是我国先民的一大发明创造哩。

下面，宋老师就给大家说说酒曲又是怎么制作出来的。

按照制曲原料的不同，酒曲可以分为麦曲和米曲。用稻米制的曲，种类也有很多，比如用米粉制成的小曲，主要用于黄酒和小曲白酒的酿造；用蒸熟的米饭制成的红曲，主要用于红曲酒的酿造；用麦子做成的曲则主要是用于黄酒的酿造了。因此，在制作酒曲的时候，是可以因地制宜地用手头的麦子、面粉或者米粉为原料的。一般来说，麦曲是古人最常做的，因此我们就主要来了解下麦曲的做法。

做麦曲的时候，大麦、小麦都可以选用，并且最好把制作的时间选在炎热的夏天。正式开始加工前，要先把麦粒连带着皮都用井水给洗净并晒干。接着把麦粒给磨碎，并用淘麦水和成块状，再用楮叶给包扎起来，悬挂在通风的地

造曲的米必须非常干净才行，所以制曲者会将米放到流动的溪水中漂洗，这样得到的米蒸熟后就会变得香气四溢了

方，这样经过四十九天之后就可以取用啦。

制作酒曲的时候千万不能出岔子，因为一般来说，几粒坏的酒曲可是很轻易地就能败坏人们上百斤的粮食呢。所以，卖酒曲的人必须要守信用、重名誉，这样才不会对不起酿酒的人。

酿出一坛好酒需要哪些工序？

→蒸煮粮食，即为第一道程序。将高粱等粮食和酒曲搅拌，经过蒸煮以后会更方便发酵出来。

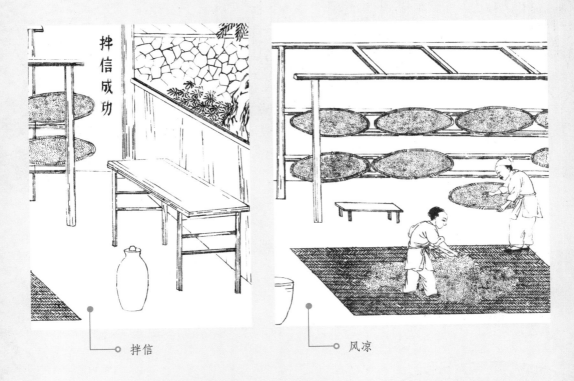

拌信

风凉

　　→把半熟的粮食出锅以后，还要将它们铺撒在地上，这个程序主要是搅拌、配料、堆积和前期发酵的过程。而且这种用来晾晒蒸煮后的粮食的地面还有一个专门的名字呢，叫作"晾堂"。

　　→发酵，这步一般是在酒窖里进行的，往往需要经历很长的一段时间才能完成。对于这种经过窖池发酵出来的老熟的酒母，它的酒精浓度一般都是很低的。

　　→蒸馏和冷凝，这样做以后才能得到相对来说酒精浓度更高一些的白酒。古人用的蒸馏器被称为"天锅"，常见的"天锅"分上下两层，下面的锅里装上酒母，而上面的锅里则装冷水。人们在下面的基座上把柴火给烧旺，蒸煮酒母，含有酒精的气体会被上面的冷水冷却，凝成液体并从管道里流出去，这样形成的就是蒸馏酒了。根据考古证明，中国最晚在元末明初的时候，就已经有了非常成熟的蒸馏酒酿造技术了，可见，我们的祖先可真是了不起呀！

1 将小麦粗碎准备做酒曲

2 将小麦粉加水，拌匀做成胚状，静置三十天左右曲菌繁殖，酒曲做成

4 加入酒曲等待发酵

9 将酒贮存在酒缸里入窖陈放

094

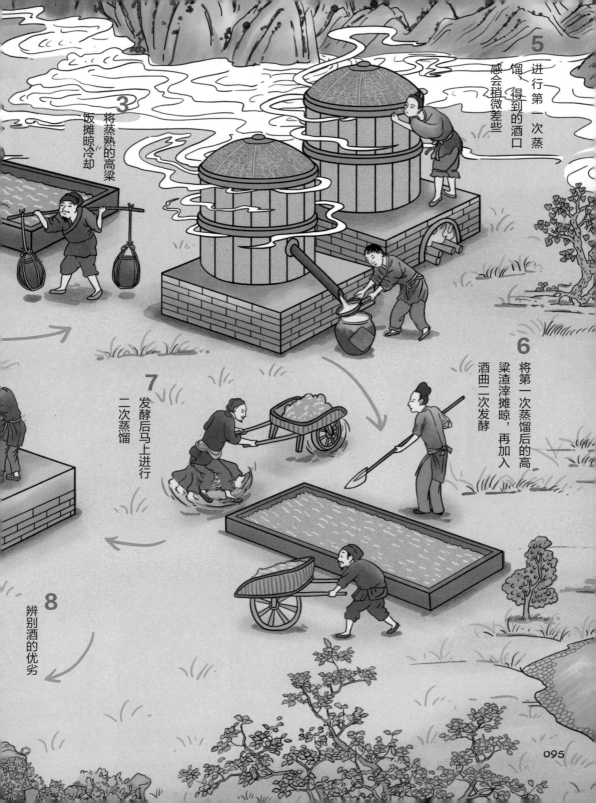

5
进行第一次蒸
馏，得到的酒口
感会稍微差些

3
将蒸熟的高粱
饭摊晾冷却

6
将第一次蒸馏后的高
粱渣滓摊晾，再加入
酒曲二次发酵

7
发酵后马上进行
二次蒸馏

8
辨别酒的优劣

不过，在元代之前，蒸馏的技术尚未广泛普及，那时的人们喝的主要是度数较低的米酒和黄酒等发酵酒。到了蒸馏技术被广泛掌握以后，人们酿出来的酒的度数也提高了很多，大碗喝酒的人也就随之减少很多啦！

　　在漫长的历史发展过程中，传统的酿酒技术不断在传承中得到进步，并逐渐形成了我们今天看到的诸多传统名酒。其中，茅台酒、五粮液、洋河大曲、泸州老窖、汾酒、郎酒、古井贡酒、西凤酒、贵州董酒和剑南春酒等十种白酒酒类被誉为我国的"十大名酒"，深受人们的喜爱。

能不能酿出好酒来，其实还有很多影响因素呢，比如：酿酒技师及工人的技术是否熟练并精益求精；水质是否洁净、甘甜；制曲是否与温度、季节相契合；原料高粱的籽实是否饱满无杂质，淀粉含量是否高低适宜。此外，酿酒的全过程必须十分注意卫生，以免影响酒的产量和质量；发酵环境还必须要好，同时要合理控制酒醅的水分和温度；发酵时对温度的控制必须遵循"前缓升、中间挺、后缓落"的原则；蒸酒时要小火缓慢蒸馏才能提高蒸馏效率，做到丰产丰收。

写给孩子的

天工开物

《　》

[明] 宋应星 原著

竹马书坊 编著

穿越古代科技
回望中华文明

舟车兵器
③

天津出版传媒集团

天津科学技术出版社

相传，上古时期的黄帝首先创造了车。开始的时候人们用牛来拉车，到了夏禹的时代，出了一位名叫奚仲的能人，他驯服了野马为人们拉车，从此就开始了马车时代。而船的出现就更富有偶然性了。相传，我们的祖先看见了荷叶和空心的木头漂浮在水面上，于是开动心思发明了独木舟，后来又造出了船，开启了航海时代，由此"人群分而物异产，来往贸迁以成宇宙。若各居而老死，何藉有群类哉？人有贵而必出，行畏周行；物有贱而必须，坐穷负贩。四海之内，南资舟而北资车。梯航万国，

冷兵器时代，刀剑用来格斗，
盔甲则是防身的必备护具

龙舟竞渡既传承了我国悠久的历史文化传统，又体现了人们的集体主义精神

能使帝京元气充然"。但是，自从舟车发明以来，虽然人们扩大了各自的生存空间，但同时也产生了更多的摩擦，严重时甚至会引起战争呢。为了能够在战争中取得胜利，人们逐渐开始使用各式各样的兵器。随着时代的进步，兵器的花样也变得越来越丰富了呢！

接下来，宋老师就和同学们一起来了解一下我国古代的那些舟车和兵器吧！

目录

驰道与直道

宋子曰："凡车利行平地，古者秦、晋、燕、齐之交，列国战争必用车，故'千乘''万乘'之号起自战国。楚、汉血争而后日辟。南方则水战用舟，陆战用步、马。北鹰胡虏，交使铁骑，战车遂无所用之。但今服马驾车以运重载，则今日骡车即同彼时战车之义也。"

路是怎么来的

　　路的修建是自人类定居农耕之后才开始的。由于居住区、农田、林地、牧场等相对分离，人们无论是进出田地劳作，还是从一个聚落去往另一个聚落，渐渐地有了固定的行走线路，于是路就开始出现了。

　　我国古代的道路虽然出现得很早，但是直到秦代的时候，对国家道路的设置才有了明确的制度规定，即所谓"道有专行"。

秦始皇的雄心

　　公元前221年，秦始皇统一六国，建立了大一统的专制主义政权——秦王朝。国家统一以后，道路交通问题成了朝廷施政的一项重要内容。于是秦始皇在整合六国原有的道路的基础上，新开辟了类似于高速公路的驰道，并尽量使驰道网络覆盖全国。除此之外，为了加强与北疆边陲的联系，以便在遇到变故的时候能够迅速驰援边境、有效遏制匈奴的侵扰，秦朝廷还开辟出了一条快速的行军道——直道。同时还出现了几种特殊的道路，以适应不同的修筑条件，从而初步形成了以驰道为主，以咸阳为中心向四方辐射的基本覆盖了国土疆域的道路交通网络。

知识加油站→

　　秦朝是我国历史上第一个统一的多民族的专制主义中央集权的封建国家。秦始皇作为开国皇帝第一个统一了中国、统一了文字、统一了度量衡。他还修筑了宽广的道路，废弃了分封制，建立了中央集权制，对地方官吏采用任命制，不搞世袭制。

你知道吗？

秦朝(公元前221年—公元前206年)虽然短寿，但是它开创了我国古代交通史上的新篇章。在此后的汉唐几朝人的不懈努力下，终于实现了秦始皇的宏图伟业，有了西域广大地区归顺中央王朝，我们才真正实现了民族众多、地大物博呢。

知识加油站→

古人在道旁种树，除了给路人遮阴及美化道路以外，其实还有一个非常重要的作用，那就是"列树以表道"。"表"就是"标"的意思，"表道"就是用种树来**标记里程**的意思，也就是类似于现在道路两旁的里程碑，可以让行人通过数树来知道行进了多少里程。

驰道通天

驰道工程在秦始皇的伟大战略中占据相当重要的地位。早在公元前220年，秦始皇就已经开始修筑驰道了。

驰道是遍达全国的大道，同时也是供天子专用的御道。在统一六国后，秦始皇曾多次经过驰道巡行各地的郡县，彰显了发展交通对于维系这样一个庞大帝国的国家机器的运转、保证朝廷政令畅通的必要性。

驰道一般宽50步，相当于现代的69米左右，而且两边每隔3丈就要种上一棵树。古人认为，一个国家的道路上如果长满了野草，而且路旁没有种上成行成列的树木的

话，就会给人留下破败衰落的印象，整个国家也会因此从上到下缺乏一种积极向上的活力和朝气，所以就被认为它一定会灭亡。

在建筑的设计上，驰道通常都设置有多层的夯筑，这样就可以让整个路面高于地表，以便在雨天的时候可以顺利排水。在选线上，驰道追求平直的线路，从而减缓坡度，提高行车的速度。

作为专供皇帝巡游的御道，驰道在修建时，一是要求在分布上必须纵横交错，遍布于全国各地；二是要求宽广平坦，森严壮观，因为这样才能够体现出帝王的风范呢

古人开山修路实在是不容易，朝廷往往强迫平民无偿劳动，称为"徭役"。这项制度开始可能早于周代，目前关于征发徭役的最早记载是《礼记·王制》

此外，在近年来的考古方面有一件非常有趣的事情，似乎把秦驰道推向了一个更高的层次。那就是在河南南阳的山区里，考古人员惊奇地发现有古代的"轨路"，跟现代的铁路很接近，只不过"轨路"上跑的不是蒸汽机车，而是马车；轨道也不是用精钢打造的，而是用圆木铺成的。经过测定，这些"轨路"竟然是秦朝时期的遗迹，简直令人难以置信呢！于是有人说，难怪秦始皇要求"车同轨"呢，原来他早就想发展"轨道交通"啦！这无疑是一个极为伟大的创举，它改写了人类的交通史呢！

直道御边

与驰道不同，直道则是秦始皇为了加强北边的防务和抵御匈奴的威胁而修筑的军事专用交通道路，同长城有着一样重要的战略意义呢。直道的开工时间大约在公元前212年，整个工程耗时大约5年。秦直道开始修筑的时候，是由将军蒙恬戍守上郡，始皇长子扶苏作为监军的，主要由这二人一同主持工作。到秦始皇死后，就改由秦名将王翦之孙王离主要负责。秦直道的修建，可以说是中国历史上乃至世界历史上的一次壮举。道路的筑成，不仅对维护诞生伊始的秦帝国的宏伟大厦和统一安定的政治局面具有极其重要的战略意义，而且在此后相当长时间内，在维护国家稳定，促进中原内地与北方少数民族地区间的经济与文化交流方面也起到了积极的作用。

还有哪些道路？

除了驰道与直道，秦代还出现了立体交叉的**复道**、两侧修筑壁垒以保证通行安全的**甬道**，以及以"阁梁"方式跨越险阻的**栈道**等。

知识加油站→

在我国周代，道路可是要分等级的呢。

> 径：在100周亩①的土地四周挖有沟洫，纵向的叫作畎，横向的叫作遂，遂旁的小路就叫"径"。

> 途：在900周亩的土地四周挖有小沟，宽4尺、深4尺，沟旁的小路叫作"途"。途有多宽？可以容乘车一轨。

> 道：在9 000周亩的土地四周挖有小沟，宽8尺、深8尺，称为洫（xù），洫旁的小路叫作"道"。道有多宽？可以容乘车二轨。

> 路：在90 000周亩的土地四周挖有小沟，宽8尺、深8尺或7尺，称为浍（kuài），浍旁的路叫作"路"。路有多宽？能容三车并行。

▶ 复道

楼阁或悬崖间有上下两重通道，称为复道；而楼阁间架空的通道也称阁道。《史记·秦始皇本纪》中说："秦每破诸侯，写放其宫室，作之咸阳北阪上，南临渭，自雍门以东至泾、渭，殿屋复道周阁相属。"由此可知，复道的功能大约相当于我们现在的立交桥，人在上面和下面行走互不干扰呢。

① 在周朝，"六尺为步，百步为亩"，1尺约合现在的17厘米。

复道 复道 复道

▶ 栈道

　　栈道一般修筑在高山峡谷间，要么开凿山路为道，要么修桥渡水，要么依山傍崖，构筑用木柱支撑于危岩深壑之上的木构道路。栈道的修筑过程凶险异常，但是其带来的好处也是十分巨大的，可以为那些生活在交通不便地区的人们提供一条与外界联系的重要渠道，从而大大地方便了他们的生活。

　　古时候没有大型的挖掘设备，很难在山体上开洞。怎么办呢？聪明的古人就在悬崖峭壁等险要地方的山体上凿孔、支上木架，再铺上木板就成了"栈道"。稍微宽一些的可以供行军、走车马，而窄一些的就只能供人行走了

知识链接

　　秦朝末年，项羽、刘邦准备争夺天下。项羽比较强势，他故意把巴、蜀和汉中3个郡分给刘邦，封刘邦为汉王，以汉中的南郑为都城，他想以此把刘邦"关进"偏僻的山沟沟里去。刘邦虽然心里不服，可是慑于项羽的威势，不敢不从。为了让项羽彻底放心，刘邦还自断后路，把一路上走过的几百里栈道全给烧了。项羽误以为刘邦从此不打算出来了，还真就放松了戒备。后来没过多久，天下大乱，刘邦趁机命韩信领兵进攻关中。为了蒙骗项羽，韩信命令士兵修复栈道。项羽的部队得到消息后，认为重修栈道哪儿就那么容易，猴年马月也修不完啊！于是根本没有加以防备，还只等着看韩信的笑话。其实呢，韩信压根儿就没想要从栈道进攻关中，而是悄悄地领兵从陈仓道进攻关中。结果项羽的部队中计，仓促应战，一下子就被汉军打了个落花流水。

　　这个故事后来也给人们贡献了一个成语，叫作"明修栈道，暗度陈仓"，比喻用假象来迷惑对方以达到某种目的。其实这是声东击西、出奇制胜的谋略呢。

▶ 甬道

　　甬道又称夹道或者过道，用砖石砌成。与复道的区别在于，复道修于空中，甬道常建在地上。建甬道的目的，最初是为了隐藏行踪，所以甬道的两边大多建有高墙。甬道既有带顶的，也有不带顶的。我们去故宫或者明十三陵的时候，就会看到甬道。

　　虽然在秦代以后，历朝历代又对我国古代的道路制度进行了完善，但是秦代在道路设置上的开创地位是不可动摇的。

甬道

甬道示意图

知识加油站→

　　秦代时规定，没有经过皇帝特许并持有此项特许的诏令的话，任何人不可以在驰道上行进，甚至还不能跨越驰道而过。这种规定，除了保障皇家或者朝廷官员出行的车队能够顺利通过以外，当道上有行军或者在传递重大消息的时候，还能够保障不受其他人和车辆的影响，从而提高行动效率。

　　由此可见，"道路千万条，安全最重要"这个理念并不是现代人的发明，而是古代人的聪明智慧呢！

　　秦代著名的驰道有9条，有出今高陵通上郡（陕北）的上郡道；过黄河通山西的临晋道；出函谷关通河南、河北、山东的东方道；出今商洛通东南的武关道；出秦岭通四川的秦栈道；出今陇县通宁夏、甘肃的西方道；出今淳化通九原的秦直道等。

○ 驰道分布示意图

　　当东方的大秦帝国于公元前221年建立的时候，在遥远的西方同样出现了一个横跨欧洲、亚洲、非洲的大国——罗马。在距今2000多年以前，要维系如此庞大的帝国统治，大秦和罗马不约而同地都选择了建设以都城为核心的公路系统。大秦修建了驰道、直道、栈道等，罗马则修建了四通八达的"大道"，促进了帝国对内对外的贸易和文化交流，以至于流传下来了"条条大路通罗马"的谚语。秦驰道与罗马大道的相似之处在于道路中央都是专门用来走车马的，行人只能走两侧的人行道。它们的不同之处在于，秦驰道多以夯土垒筑，随着时间的推移已经渐渐消亡殆尽了，而罗马大道由石头铺成，部分还掺入了金属材料，这样就更结实耐用，也更容易保留。因此，现如今我们仍能够见到保存完好的罗马大道的遗迹。

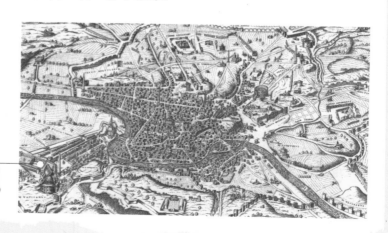

古罗马城示意图

古人知造车

宋子曰："凡辂车之制有四轮者，有双轮者，其上承载支架，皆从轴上穿斗而起。四轮者前后各横轴一根，轴上短柱起架直梁，梁上载箱。马止脱驾之时，其上平整，如居屋安稳之象。若两轮者驾马行时，马曳其前，则箱地平正。脱马之时，则以短木从地支撑而住，不然则欹卸也。"

道路的建设方便了人们的出行，于是人们开始琢磨更好的出行工具。出行的时候，如果距离比较近，人们还可以选择步行，一旦距离比较远或者携带的东西比较多，人们就需要用到车了。接下来，我们就一起看一看古代的车是什么样的吧。

策马飞舆

　　事实上，大约在四千年前，牛和马就已经相继被人类驯化，并成为人类交通工具的一部分了。其中，马主要作为役使性的家畜，用来骑乘、拉车和载重，在战争、交通与劳动中都有运用，起到非常重要的作用。

　　马车就是用马来拉动的车子，这种工具一般要么用来载人，要么用来运货。马车的历史也非常久远，几乎和人类的文明一样漫长。在传说中，发明马车的人叫作奚仲，他早在夏朝的时候就创造了"马车"这种交通工具。不过，这种原始的马车到现如今已经无法目睹它的样貌了，只是在部分史书中有提到它的性能。

公元前 1100 年商代的青铜车軎（wèi），形状像圆筒，用来套在车轴的两端

→ 知识链接

　　在距今5500年左右的西亚两河流域和中东欧地区都出现了马车，因此有人就认为我国本土的马车可能来自西亚，是当时的殷商人掌握了西亚的造车技术。但是，从殷墟的考古发现可以推断出，我国的马车应该在商代以前比较久远的时间就出现了，而且马车的构造也与西亚和欧洲的马车不同。因此，中国马车的起源，目前还是一个未解之谜呢！

图中的那些古人正在辛苦地制造一辆车

　　根据记载，这种车各个部件的制作均有一定的标准，因而十分坚固耐用，驾驭起来也十分地灵便。马车前面弯曲（或者直）的那根独木叫**辀**（读zhōu，也称为辕），用来驾牲畜。车轮是由轴承、辐条、内缘与轮圈4个部分组成的。大车中心装轴的圆木（俗名叫作车脑）周长约一尺五寸，叫作**毂**（gǔ），这是中穿车轴外接辐条的部件。辐条的内端连接毂，外端连接**辅**。由于辅紧顶住**辋**（读wǎng，指轮圈），也是圆形的，因此也叫作内缘。辋外边就是整个轮的最外周，所以叫作**轮辕**。大车收车时，一般都把几个部件拆卸下来进行收藏。要用车时先装两轴，然后依次装车架、车厢，因为轼、衡、轸、轭等部件都是承载在轴上的。由此可见，我们祖先的智慧和能力可真是无穷呢！

两轮马车示意图

车前的马分为前后两排，用黄麻拧成长绳，分别系住马的脖子，收拢成两束，并穿过车前中部的横木（叫作衡）而进入厢内左右两边。驾车人站在车厢中间的高处，手执约7尺长的长鞭，竿也有7尺长。看到有不卖力气的马，驾车人就会挥鞭打到它的身上。

驾车示意图

车的发明不仅解决了落后的交通问题，而且还促进了道路设施的发展，有利于各地区之间的联系和信息的传递，扩大了商贸运输活动和文化的交流。因此，奚仲被人们称为"车神"，也的确是当之无愧哩。

中国古代的车虽然在夏代就已经被大范围地使用，但是那时候用马拉车的情况大多发生在贵族出行或者战争时，而平常百姓用牛来拉车就比较常见了。等到了商代的时候，中国的马车技术就已经得到了质的提升与发展啦。这个时候，马车开始作为一种军事战车成为商朝军队的标配，而且这个时期还有一件最能证明中国古代战车水平的事，那就是商王武丁的妻子**妇好**带兵击败了来自西

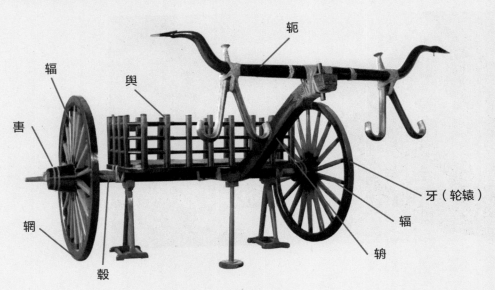

轭

辐

舆

害

牙（轮辕）

辋

辐

毂

辀

方游牧民族雅利安人的入侵。

　　商代的车的形制为独辕、双轭、两轮、多辐，而且车毂很长，舆门则开在后面。

　　商代的这种独辕车结构甚至影响了后世1000多年的历史呢。此外，商代的马车还有另外一大特点就是两马驾辕，这说明当时商朝人已经解决了马匹的来源问题，马匹的供给可是十分充足的呢。这也间接地说明了商朝的马车制造技术已然十分成熟。

　　周武王灭商后大封诸侯，他又接受周公的建议，修建洛邑，开凿道路，制造车辆，发展交通。西周的车辆有了重大改革。车驾两匹马的叫作"**骈**（pián）"；驾三匹马的称为"**骖**（cān）"；驾四马的名叫"**驷**（sì）"，其中驾辕的两匹马叫作服马，两旁拉车的马叫作骖马；驾六匹马的则为"**六骒**（fēi）"。

"天子驾六"示意图

古代四轮马车示意图

在周礼中，天子乘坐的马车通常要由六匹马拉动，即所谓"**天子驾六**"。而且在周代的时候，马车不仅是王公显贵出行游猎时代步和炫耀身份的工具，还是战争中主要的"攻守之具"呢。

春秋战国到秦朝的这一段时期，由于战争较为频繁，这时的马车大多是**战车**，战车的水平也在这个时期得到了非常迅猛的发展。在这期间还出现了四轮马车，不过由于这种马车转弯是个难题，一般只用来运输和祭祀。而且四轮马车对道路的要求也要比两轮马车高很多，所以四轮马车在那个时期的发展非常缓慢。

而与之相对地，两轮战车则在这一时期得到了足够的重视和发展。春秋时期，人们会用战车的数量来比喻国家的实力。在结构上，这一时期的马车仍以独辕为主，并且出现了四马驾辕的战车。不过，当时各诸侯国的造车工艺是各不相同，于是在秦朝统一后，秦始皇就对战车的制造技术和工艺水平都提出了更高的标准。

在春秋时期，车兵曾经是军队里的主要兵种，兵车则是军队的基本单位。一个诸侯国有多少乘车，是其军事力量的标志，而且战车上的甲士都是贵族呢。

秦朝的战车主要是"**高车**"，这种车在设计上十分独特。据说，人们如果想要驾驶与乘坐这种车的话，就要站立在上面，看起来很高，高车也就因此而得名了。车上还有一个车盖用来遮阳避雨。这种高车的设计可以说是符合了士兵作战的要求，因为站得高，视线必然就远，

战车示意图

同时也没那么容易被敌人给攻击到了。不过，对于操控者来说，由于要一直站立，也在一定程度上提高了驾驶的技术难度呢。在秦始皇陵中出土了一件工艺水平极高的载人车，这种车被称作辒辌（wēn liáng）车，车的厢体封闭，但在两边有可以打开的窗户，用来通风以便于调节车厢内的温度。我们可以想象下，当时秦始皇到底是怀着怎样一颗雄心，坐在这辆精美的马车里巡游天下的呢？

辒辌车示意图。秦始皇陵里出土的这辆铜车马，有真车的一半大小，全部由金属零件组装而成，车的顶棚是一次性金属浇铸而成的，其最厚处仅有4毫米。在没有精密仪器的年代，古人是如何做到的，真是一件令人不可思议的事

高车示意图

形形色色的车

西汉时期则是双辕车逐渐兴盛的时代。在西汉武帝以前，独辀车还能和双辕车并存。但到了西汉中晚期的时候，双辕车就已经开始逐渐普及，到了东汉以后就基本上取代了独辀车啦。汉代的这种双辕马车根据乘坐者地位的高低和用途的不同，还可以细分为若干种类，主要有以下几种。

▶ 斧车

这是皇帝的重要使者出行时走在队伍前面的引导车，从出土的汉代画像砖上我们可以看出其大体的样式。

斧车示意图

施輤车示意图

▶ 施輤（fān）车

輤是古代车厢两旁反出如耳的部分，用以障蔽尘泥。这种车由两马拉动，作为中高级官吏出行时乘坐的主车。

▶ 軿（píng）车

这是古代一种有帷幔的车，通常是有身份的妇女或者享有封地的贵族乘坐。

軿车示意图

▶ 辒车

辒车示意图

这是古代一种有帷盖的车子，既可以拉货，也可以载人作为卧车使用。

除了以上这些车辆外，还有轩车（一种带屏障的车，在古代，通常只有大夫以上级别的官员有权乘坐）、轺车（"轺"读yáo，古代的一种轻便马车，由两马拉动，是一般的小官吏出行办公或者邮驿公文时乘坐的交通工具），以及栈车等不同的类别，可以说是十分丰富了呢。

有趣的发明——独轮车

不过，无论是用来乘人还是用来载货，上边这些车子都是要在比较宽敞的道路上才方便行驶的，并不适合在乡村田野、崎岖小路和山峦丘陵起伏的地区使用。所以啊，为了解决这一难题，在西汉末东汉初的时候，一种手推的独轮车在当时的齐鲁和

○ 独轮车上琳琅满目的玩具，有哪个小
朋友不喜欢呢

巴蜀地区就应运而生啦。独轮车可是一种既经济又实用的交通运输工具，在交通史上也是一项十分重要的发明呢。

　　到了宋代的时候，由于商品经济发达、社会富足，马车作为主要的陆上运输工具，又得到了进一步的发展。宋代出现了一种叫作"**太平车**"的马车型制，这种马车最大的特点是滚动平稳且载重量大，非常适合在地势平坦的地区进行大批量的运输，所以这种车主要是那些在当时比较富裕的人家和专门从事货物运输的货站才能拥有的，一般人可是没有机会使用的哩。

　　元明清时期，中国古代马车技术的发展几乎可以说是停滞了，唯一的改善只是在原先的车上加了一个车厢，这种设计的灵感应该主要来源于元代常见的蒙古包。而明代基本上承袭了元代的马车设计，只是对车厢进行了改善，而且马车的车轮也变大了。这个时期的马车主要用来载客，以供给官员和商贾们使用。

○— 太平车示意图

○ 明代马车示意图

清代马车示意图

清代是中国古代马车技术发展的最后时期。其基本上承袭了明代的马车设计，并没有做太大的改进和创新。

扬鞭驱车

除了马车以外，在中国古代还出现了牛车、驴车、**骆驼车**、骡车等，甚至还有大象拉车（称为"**象辇**"）的代步工具，它们也都在社会生活中扮演了重要的角色。

驼车示意图

象辇示意图

▶ 王亥服牛

早在3000多年前，夏代商国（彼时商还是夏朝的一个方国）的第7任国君亥就发明了牛车。在传说中，商代的先王相土（商的第3任国君）驯服了野马，再加上训练，便让马拉车驮物，马车也在这以后成为重要的运输方式。商从西北草原迁徙到中原之后，到了王亥时代，虽然马仍然是拉车、运货、作战的主要畜力，但是因为当时的马匹还不多，所以根本不够用。这个时候，王亥就开始琢磨了，既然牛的力气有这么大，那么可不可以让牛来代替马拉车呢？于是，他付诸行动，并最终彻底驯服了这种野性十足的庞然大物，进而将它套在华丽的车上。就这样，牛车诞生了。这也是史书中记载的鼎鼎有名的"王亥服牛"的故事呢。

▶ 步步高升的牛车

根据《史记》的记载，在东汉中期以前，牛车都是被视为低级别的车辆。到了东汉末年的时候，牛车的"身价"才得以提高，在制造上也就比较讲究了。由于牛车行走缓慢而平稳，车厢又宽敞高大，自魏晋以后进一步得到了贵族们的青睐，逐渐成为一种贵族间的时尚潮流。特别是东晋南渡以后牛多马少，牛车更为兴盛。牛车的这种兴盛之风，一直到隋唐五代也没有发生变化。只是到了后来，才逐渐又被马车所代替。

▶ 经济实惠的驴车和骡车

驴车和骡车就主要出现在乡间和经济实力相对来说比较低的人家。驴子胆小愚笨、脾气犟、个头小、速度慢，而且力量也不大，无法像马那样在战场上发挥作用，但是它价格便宜、性格温顺且行走平稳，所以在民间被当作是重要的畜力。

骡车则是用骡子驾辕的一种车。骡子是马和驴杂交以后所生出来的一种动物，早在春秋战国时期就已经出现了。与马和驴不同的是，骡子是无法繁育后代的。虽然骡子在农家干活儿的时候是绝对的好牲口，可是在战场上它的那点儿力气就明显不如马了。

纪录

➤ 冷兵器时代，重装骑兵配备的盔甲武器，最少要有20千克，而骡子的力气通常只有战马的三分之二左右。要驮这么重的人和装备，对骡子来说是非常困难的。

➤ 骡子虽然能连续行走20多千米，但是它的爆发力和速度太差。当骑兵对决的时候，如果需要做短距离冲刺的话，骑骡子严重吃亏。

驴车示意图

轿子

轿子也是古代一种常见的代步工具，最早出现在夏朝，距今有4000多年的历史了。相对于马车和牛车而言，轿子可要金贵多了。

▶ 官轿规矩多

轿子大家应该都不陌生，但事实上，在宋代以前还有"非品官不得乘暖轿"的规定，因此那时候的轿子只有皇亲贵族和朝廷官员才能乘坐，普通老百姓是没有权力坐轿的。到了后来，出行坐轿子才慢慢普及到民间。

你知道吗？

清朝官场规定：凡三品以上的汉官及各衙门的长官，轿顶用银，轿盖和轿帏用皂，在京时轿夫为四人（俗称四人小轿），出京时轿夫为八人（俗称八抬大轿）；四品以下文职官员的轿夫为二人，轿顶用锡；直省总督、巡抚的轿夫为八人；司道以下、教职以上官员的轿夫为四人；杂职乘马；钦差大臣三品以上官员的轿夫为八人。需要强调的是，这些坐轿的官员主要是文官，至于武将嘛，即使官居一品也不准坐轿，只能骑马。那些年龄过大骑不得马的武将怎么办呢？他们要想坐轿必须事先奏请皇帝恩准。如果有官员不按例行事，就算作逾制，那可是要受处罚的！

古时候的女子出嫁时要坐轿子，一路上吹吹打打，非常喜庆热闹

　　明朝初期，明太祖朱元璋曾规定文武大臣必须骑马，不得乘轿，以免滋生懒惰思想。清代也曾经规定，在京的官员无论满汉文武一律骑马，不准乘轿，唯恐王公大臣们坐惯了轿子，安于享乐而荒废了骑射；后来只准许文官乘轿，但是满汉官员的待遇又不同。

▶ 越坐越懒？

　　轿子也被称作"舆""肩舆""步舆""抬椅""滑竿"等，由于是依靠人力的步行来运输，虽然速度慢，但是更为平稳舒适。另外，由于乘坐轿子在一定程度上被视为彰显乘轿人社会地位的一种方式，因此受到越来越多的人喜欢。不过，凡事有利也必然有弊，轿子的出现其实在很大程度上抑制了载人车辆的发展。因为从科技进步的角度来看，用人力的非轮式运输代替畜力的轮式机械，无疑是技术上的一大退步呢。我国古代的造车技术也因此而长期停滞不前，最终被来自西方的四轮机械动力驱动车辆超越了，可真是遗憾啊！

► 改变世界的伟大发明

除了前面提到的诸多用来载人运货的车类，还有一种车是用来给行路的人指示方向的，那就是"**司南车**"（如第32～33页图中所示）了。指南针作为中国古代四大发明之一，在上古黄帝时代就有了军事上的应用。到战国时，司南作为一种指向仪器，无论是在军事上、生产上、地形测量上，还是在日常生活中都发挥着重要的作用。尤其是在传入欧洲以后，它更是为大航海时代序幕的开启立下了不朽的功勋呢。

► 车水马龙

《后汉书·本纪·皇后纪·马皇后》中写道：路过濯龙苑的门外时，看到马皇后家的亲戚前来问安者很多，车如流水，马如游龙。后来，"车水马龙"就被用来形容车马来往不断，非常热闹。作为我国古代最主要的陆上交通工具，数千年来，车在人们的社会生活中占据了举足轻重的地位，无论是劳动生产还是战争，或者是政治活动，它们都是不可或缺的重要工具与装备。而且车子数量的多寡与质量的优劣，经常成为衡量某一时期的社会发达与落后、国势强盛与衰弱的重要标准哩。

　　有人一直在纠结中国古代的车是从哪里来的。关于这个问题，我国著名的地质学家、教育家李四光先生曾经说过："人类是最富于模仿性的一种动物。外界种种的形状，都会在他们心里留一个印象。这些印象他们随时就可拿出来应用。我们何以知道做一个车轮？绝不是因为有了几何学我们才能知道做出一个圆的东西。我恐怕天上的太阳、月亮早已把一个圆的观念给我们的祖宗了。"那么，有了车轮，车还会远吗？

舟船漫碧涛

宋子曰："凡舟古名百千，今名亦百千，或以形名（如海鳅、江编、山梭之类），或以量名（载物之数），或以质名（各色木料），不可殚述。游海滨者得见洋船，居江湄者得见漕舫。若局趣山国之中，老死平原之地，所见者一叶扁舟、截流乱筏而已。粗载数舟制度，其余可例推云。"

说到船啊，事实上，从远古时代到今天，船的名称几乎有千百种那样多了，而且命名的根据也是不一样的，有的是根据船的形状来命名的，比如说海鳅、江鳊和山梭之类的名字，有的则是按照船的载重量来命名的，还有的是依据造船所用到的木质来命名的。总之，名称可是多着哩。今天啊，宋老师就带你们来了解一下古代的船。

古代最早的船——浮具

古代人类最早进行水上活动时，所用到的其实是一种"纯自然的浮具"呢。这可能缘于他们在意外落水后，发现了树干、芦苇和葫芦等不仅可以在水中漂浮，还可以驮动一定重量的物件。于是，在经历了一次又一次的试验以后，早期的浮具就这样被古人应用起来了。

▶ 腰舟

在传说中，葫芦是人们使用的最早的自然浮具。据说，古代人把几只葫芦连接起来，然后系

在《八仙过海》中，"铁拐李"过海时的法宝就是个葫芦呢。据说，他是坐在葫芦上顺利地渡过了浩瀚的东海。虽然他的葫芦与"腰舟"在使用方法上略有不同，但也许那就是古人发明"腰舟"的智慧源泉呢

据历史文献的记载，独木舟最迟在大约7000年前就已经出现了。

在腰间，等到入水以后，人在半浮半沉之间就可以用手脚划动着水前进了。所以，这种早期的浮具才会有"腰舟"的称呼哩！而且，这种传统直到现代社会还有保留呢。

▶ 独木舟是怎么来的？

在远古的时候，每当遇上水患，古人由于还没有水上工具，在面临着被洪水冲走的危险时，就会本能地用手抓住被大水冲倒并漂浮在水面上的树干来躲避危险。另外，为了避免野兽或者敌人的追击，需要渡过河流时，他们也会抓住一段树干，然后跳入水中，手划脚蹬地游到对岸去。随着时间的推移，人们逐渐意识到，把树干上的枝叶去除，再加以整修的话，树干就可以成为更加方便的渡河以及撒网捕鱼的工具了。最初的**独木舟**的结构非常简单，一般都是先捞取一段槽状的朽木，然后再对它的内部进行稍微地整理，或者把一段树干挖成槽，然后再削掉外面的枝干和树杈就可以了。当时制造独木舟的主要工具是石刀、石斧等。用这么简陋的工具来制造独木舟，尤其是要在整段的树干上挖槽，那可是困难重重啊！所以，后来人们在制造独木舟的时候是必须要使用火的呢。

▶ 筏桴

古人发明了独木舟以后，渐渐地发现它不仅运送能力差，还容易翻船，造成人员的伤亡。所以又经过了很长时间的研究，到了新石器时代（距今10 000～4000年前），人们发现用藤条或者绳索把几根树干并排地捆绑起来，联合成为一体的话，就可以成为更加方便实用的浮体了，于是"筏"也就这样被发明了。从此，人类的活动范围进一步拓展了。

木筏可是当时人类的一大创造。它不仅可以平稳地漂浮在水面上，而且比起之前的浮具，能够承载更多的人员和物品。后来，人们为了出行方便，还进一步把木筏的两端弯成向上翘起的形状，这样的话就可以通过人工撑起篙子来推动木筏，或者让木筏搁置到岸边了。在我国的南方地区，因为那里盛产竹子，当地人就喜欢用竹子制造出"筏"来作为水上的运输工具哩。

你知道吗？

历史学家的考证结果显示，筏是我国出现的第一种正式的水上运载工具，它是由新石器时期我国东南部的百越人发明的。

筏分大小，大的叫作筏，小的叫作桴（fú）。由于制作材料不同，"筏"又可以分为**竹筏、木筏、皮筏**等。

　　远古时代的人们发明了独木舟和筏，并且用他们非凡的勇气和智慧走向了海洋，为我们国家后来伟大的航海事业打下了基础。到了春秋战国的时候，舟船就已经逐渐被广泛应用了，而且一些比较大的诸侯国也都开始有了自己的造船业。在这里面，位于长江中、下游流域的楚、吴和越这3个国家，以及雄踞在山东半岛的齐国在造船上是最为发达的，这大概是由于其临水并且有着水上作战的需要吧。而此时，早先常用到的浮具虽然还是会被人们偶尔用到，但实际上已经退居其次了。

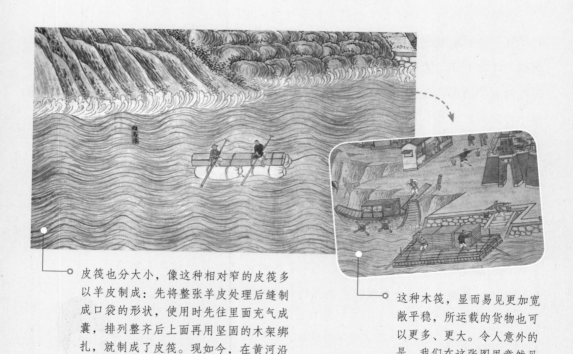

皮筏也分大小，像这种相对窄的皮筏多以羊皮制成：先将整张羊皮处理后缝制成口袋的形状，使用时先往里面充气成囊，排列整齐后上面再用坚固的木架绑扎，就制成了皮筏。现如今，在黄河沿岸地区（比如甘肃）仍然保留着"皮筏"作为摆渡的工具

这种木筏，显而易见更加宽敞平稳，所运载的货物也可以更多、更大。令人意外的是，我们在这张图里竟然见到了带有木轮的"轮船"

船的出现与盛行

▶ 楼船

根据古籍记载，伏羲氏时代人们主要使用筏子，到黄帝时才出现了舟。秦汉时期，我国的造船业出现了其发展史上的第一个高峰。秦始皇曾经派大将率领用楼船组成的舰队攻打楚国。到统一了六国以后，他又组织了几次大规模的巡行，乘船在内河游弋或者是到海上航行，这些活动可都离不开相对成熟的水上运载技术呢。

到了汉朝的时候，以楼船为主力的水师已经十分强大了。楼船是汉朝造船技术高超的标志。楼船一般高大巍峨，船上列矛戈、树旗帜，戒备森严，攻守得力，就像是座水上的堡垒一样。楼船上的空间很大，甲板上通常能够行车走马。据说，在当时如果要打上一次水上战役的话，汉朝中央政府能够出动的楼船可达2000多艘，水军20万人呢，可真是强大啊！

楼船体型高大，第一层称作"庐"，第二层称作"飞庐"，而最上一层则是作为船上瞭望台的"雀室"。每一层的四周都建有"女墙"（矮墙），以防御敌人的攻击。矮墙上开有箭孔和矛穴，士兵可以从箭孔、矛穴里向敌人射击或与敌人搏斗。每层楼的四周还蒙上了皮革以加强防护。上甲板以下的舱室是桨手操作的场所。楼的最上一层顶部设有锣、鼓、旗帜等，用于指挥和联络。大的楼船载兵可达上千人，兵器和防护设施也都很强，能攻能守

▶ 艨艟

通常，舰队中除了楼船以外，还会配备各种各样的作战舰只。比如说，有在舰队最前列的冲锋船"先登"，有用来专门冲击敌船的狭长战船"艨艟"（méng chōng）。

艨艟船体狭长，机动性很强，便于冲突敌船。船身和船顶以生牛皮覆盖，船身两边开棹孔，左右前后设有箭口和矛穴，因此敌人无法靠近，弓矢和飞石也不能对其造成伤害

走舸是一种轻便快捷的小型战舰，船舷上竖立"女墙"和金鼓旗帜，配有多名划桨手，作战的士卒虽然不多，但是一般都是勇力精锐的。走舸行动起来时像飞行的海鸥一样灵活自如，它们往往乘敌人不备展开迅速的攻击

▶ 走舸

舰队中还有快如奔马的快船"走舸（gě）"，以及有上下都用双层板的重武装船"槛"。当然，在这些船里面，楼船还是最重要的，是水师的主力呢。

▶ 车船

车船相当于早期的"轮船"。东汉三国时期，孙吴占据的江东地区，历史上就是造船业发达的吴越之地。到南朝时，江南已经可以建造出1000吨的大船了。并且，为了提高航行的速度，南齐时期的大科学家祖冲之创造出了一种能日行千里的快船。

　　吴国造的战船，最大的有上下5层，可以承载3000名左右的士卒。据说，吴国在灭亡的时候，光是被晋朝俘获的官船就有5000多艘呢，可见造船业在当时有多么兴盛了。

车船虽然不及帆船省力，但是效率比手划船要高了许多

　　据说，这是一种装有桨轮的船，因为速度快还被称为"车船"哩。这种船利用人力，靠脚踏车轮的方式来推动船的前进。虽然没有风帆利用自然力那样经济，但这也是一项伟大的发明了，并且为后来船舶动力的改进提供了新的思路，在造船史上可是占据着重要地位呢。

○ 这种富丽堂皇的大龙舟其实也是楼船的一种，只不过它可不是用来打仗的

▶ 大龙舟

　　如果说秦汉时期还是我国古代造船业的初级阶段，那么到了隋、唐、宋时期则开始进入了成熟阶段。此时，秦汉时期出现的一些造船技术，比如船艉舵、高效率推进工具橹，以及风帆的有效利用等，不仅得到了充分的发展和进一步完善，还创造了许

→ 有趣的事实

公元663年8月27日，唐朝和倭国（当时还未称日本）之间的白江口海战拉开序幕。当时，唐军只有战船170艘、士卒1.3万人，而倭国派出了战船1000余艘，士兵更是达到了4.2万人。显而易见，无论是在战船数量上，还是在人数上，唐军都处于绝对的劣势。然而，双方的武器装备却不在同一个档次上。唐军的主力战舰是楼船，船高舰坚，设计精良，还配备了投石机、弩机、喷火器等海战武器，可以直接把敌人消灭在远处；而倭国的兵船与之相较就落后了许多。倭兵妄图通过登船作战的方式，一举消灭唐军。然而唐军利用装备上的优势，几乎没给倭兵多少机会。开战后，唐军把倭兵的木船围在中间就是一顿胖揍。唐军的大船轻而易举地就能将倭国的木船撞毁，士卒更是居高临下，向倭船射出大量的羽箭和飞石。一时间火焰冲天，连海水都被映红了。结果，倭国的400多艘战船被击毁，尽皆沉入江底，损失了上万人。此战过后，倭国的新天皇即位，痛改前非，重新恢复与大唐的交往，并且改国名为日本。直到1592年丰臣秀吉侵略朝鲜，在近1000年间，日本未敢再对中国开战。

多更加先进的造船技术呢。比如隋朝建造的特大型龙舟。这种大龙舟高约13.5米，长约60米，上层有正殿、内殿和东西朝堂，中间两层有120个房间，下层则是宦官内侍住的地方。这种大龙舟船体大、用料多，但是由于木料的长度有限，这就要求人们要把许多较小、较短的木料给连接起来。于是，工匠们采用了榫卯结合与铁钉钉连这两种方式，一同给大龙舟进行连接。这可是当时非常先进的造大船的技术呢。

▶ 郑和宝船

郑和宝船可以说是我国古代造船技术的巅峰之作啦。宝船是明代郑和率领的海上特混舰队中最大的海船，也是船队中的主体，它在整个舰队中的地位可是相当于现代海军中的旗舰和主力舰呢。

宝船采用的是我国古代适于远洋航行的一种优秀船型——**福船**。这种船在福建制造，它高大如楼，底尖面阔，艏艉高昂，艏尖艉方，两侧还有护板。船舱则采用了当时极为先进的**水密隔舱**结构。福船底尖，利于破浪，吃水深，稳定

福船是郑和宝船的原型，此为"大福船"示意图

性好，安全舒适，是航行于南海和西洋航线最先进的海船，也是古代世界最大的木帆船哩。据说，郑和宝船主要是用来供郑和船队中的指挥人员、使团人员及外国使节乘坐的。同时，船上装运了许多宝物，包括明朝皇帝赏赐给西洋各国的礼品，也有西洋各国进贡明朝皇帝的

知识链接→

水密隔舱可是我们中国人发明的哟！这种结构设计是出于对船舱的安全考量，它位于船体内，可以把船身区隔出许多独立的舱室。当船舶遭遇意外，船舱少部分破损进水时，其他尚未受波及的水密隔舱则还能提供船舶浮力，减缓船体立即下沉的风险。这种先进的造船技术，早在1500多年前我国的南北朝时期就有了。现在，好多大型的船只都采用了这种技术呢。

贡品，以及郑和船队在海外通过贸易交换得来的物品等。因此被称为"宝船"，意思也就是"运宝之船"了。

据史书记载，郑和的联合舰队总共由240多艘海船组成，舰队的主体船舶包括宝船、马船、运粮船、战船和坐船这5类海船，大致相当于我们现在所说的"指挥船""补给运输船""战船"和"交通船"。其中，宝船的船体最大，也是郑和等官员乘坐的旗舰。马船是一种中型宝船，也是一种运输船，它的功用与当时所谓的运输马匹的船相同，有着预备水军出征的功能。运粮船的规模仅次于中号宝船，是用来装运粮食的船。由于郑和的使团每次奉命出使海外的路程都非常远，往返需要耗费两三年的时间，所以必须要带上足够2万多人食用的粮食呢。而战船就是船队用来自卫的船啦，既能防止海盗的袭击，还兼有作战的性能。而坐船，就是士兵所乘坐的载人船了。

郑和宝船分为8层，其中甲板上、下各有4层。甲板下面最底下的一层全部放置上砂石，俗称为"压舱"，可以保证船能够行驶得平稳。船的第二、三层是两个长80米、宽36米、高2米的大型货舱，用来装载货物，相当于整个航行的"补给中枢"哩。第四层（亦即顶到甲板的那一层）沿船舷两侧设有20个炮位，中间大约有3280平方米的空间，是用来给船上的826名士卒和下级官员住宿的地方。再上面就是甲板了，甲板上的活动空间被分为前后两个部分，船头有前舱层，主要是供给船上108名水手生活和工作的地方。而船艉的舵楼则是整支船队的"大脑"所在啦。这个舵楼共有4层，其中一楼是舵工的操作间和医务室；二楼叫作官厅，是郑和与中高级官员及外国使节居住和工作的地方；三楼是一个神堂，用来供奉妈祖等诸神，此外还设有4个专门的阴阳官来负责管理；船舵楼的最上面则是指挥、气象观测、信号联络等场地。在前后楼中间的甲板上，除了火炮、操帆绞盘外，还特地留出了两个篮球场大小的空间，专门用来供人们操练活动。这可真是神奇啊！

一般来说，木帆船如果想要在海上行动的话，就需要用风帆来借助风力及水手划水。在动力推进系统的这两个重要的环节，宝船同样采用了独特的设计技巧。首先，与当时欧洲帆船采用的分段软帆不同的是，郑和宝船使用了硬帆结构，帆篷面带有撑条。这种帆虽然比较重，升起来会更费力，却拥有极高的受风效率，从而使船行驶的速度得到很大程度的提高。宝船的桅杆也不设置固定横桁，以便于适应海上风云突变的气候，保证转脚灵活，从而有效利用多面的来风。另外，与当时常见的船桨不同，宝船在两舷和艉部都设置了长橹。这种长橹入水很深，如果同时有很多人摇摆的话，橹在水下半旋转的动作就会有些像今天的螺旋桨了，推进的效率可是非常的高呢。这样的话，即使在没有风的时候，也可以保持相当程度的航速啦，避免了行船对于风帆的过度依赖。由于橹在船外的涉水面积小，也为船身在狭窄的港湾和拥挤的水域航行提供了很大便利。

据说，当时欧洲所有国家的舰队加起来也比不上郑和特混舰队强大呢。

▶ 漕船

我国历代封建王朝将征自田赋的部分粮食经水路解往京师或其他指定地点，这种粮食称漕粮，漕粮的运输就称为漕运。漕运的方式有河运、水陆递运和海运3种，而运输漕粮的船就被称作漕船啦！

漕运的出现其实是和我国古代经济重心的南移有关的。在漫长的历史发展过程中，我国封建社会的经济重心经历了一个由北向南的转移，并且这个转移到南宋时期就已经基本完成啦。

古代漕运示意图

知识链接→

　　由于战乱、政策、疾病及自然条件更迭等因素，导致人口南迁西进，稻、麦等粮食作物，以及棉、麻等经济作物也随之南移，再加上黄泛区盐碱化加重，可耕土地的锐减，北方地区的经济地位也随之降低了，但仍然作为全国的政治和军事重心而存在。于是，元代以后的王朝格局，不可避免地出现了政治、军事重心与经济重心分离的形势。为了适应和稳定这一形势，统治者便开始着手对自然条件进行人为的干涉，而能够确保"南粮北调"的漕运通道运行通畅就变得至关重要啦。

　　那么，古代的漕船到底长啥样呢？明代的漕船有21.8米长，船身为柳叶形，中部宽3.44米，船艏宽1.9米，船艉宽1.56米。整艘船共有13道横舱壁。其中第10、11号舱为居住舱，上部还有一个高出甲板近1米的舱棚，而其他舱就全都是货仓啦。这种船的主桅杆至少有14米高，排水量约为32吨，根据专家的推算，这种船一次能运载12～15吨的物资呢。

八桨船

那些有趣的船

　　除了前面提到的几种船以外，在我国古代，还有许多其他类型的船呢，比如课船、三吴浪船、东浙西安船、清流船、梢篷船、**八桨船**，在黄河流域航行的满篷梢船，在广东地区比较常见的黑楼船和盐船，陕西韩城市制造的秦船（又称摆子船），等等。船的种类可以说是非常的丰富了。

▶ 课船

　　课船的船体十分狭长，前后一共有10多个舱，每个舱只有一个铺位那样的大小，而且整只船总共有6把桨和一座小桅帆。因为这种船就是用来运送淮阴和扬州一带征收的盐税税银的，所以被称为"课船"。

课船示意图

海沧船

▶ 海沧船

　　海沧船是明代戚家军水师中的主力战舰之一，船体比福船略小，吃水2米多，能够凭借体型上的优势去冲撞较小的倭寇船只。船上配备了千斤佛郎机（见第56页趣味转移）、碗口铳、噜密铳、喷筒、烟罐、火砖、火箭、药弩等武器。

▶ 连环船

连环船

连环船是一种比较奇特的轻型船只，长约12米。表面上，它看起来是一条船，实际可以分为前后两只。前船占整船的三分之一，后船占三分之二，两船中间用铁环连接。前船的船头上安有许多大个儿的倒须钉，一旦撞上敌船随即牢牢地抓住它，船上堆满了火球、神烟、神沙、毒火等火器；后船用来装载士卒并安有船桨。作战时，士卒驾船冲入敌阵，将前船钉于敌船上，然后点燃各种火器，同时解脱铁环，驾驶后船返航。这种船就是要利用前船装载的火器来焚毁敌船，其作战方式有点儿像现代的鱼雷快艇。

▶ 广船

广船又称广东船或者乌艚，体型比福船要大。因其以铁力木建造，所以比由松杉木建造的福船也更加坚硬。如果广船与福船在海中相撞，那么福船必碎。而倭寇的船因为是模仿福船用杉木建造，所以也不敢与广船相碰。

广船因为上宽下窄，所以容易受到海浪的影响，炮火的命中率不高。但是它的炮火比较猛烈，对敌人能够产生足够大的震慑作用

▶ 海鹘船

　　海鹘船头低尾高、前大后小，外形像鹘。又因为其在船舷的左右两侧设置了浮板，形状像鹘的双翼，所以即使风浪再大也不会倾覆。这是一种全天候的战船，船身的左右两侧和船顶都覆盖了生牛皮，可以防御敌人的进攻，船顶上面另外设置了牙旗、金鼓，以传递消息。

海鹘船

▶ 画舫

　　在古代，还有一种船，除了可以供人出远门之外，还可以作为舒适的游玩工具而存在呢，这种船就是画舫啦！画舫是装饰漂亮又华丽、专供游人乘坐的游船，而乘坐画舫外出虽然听起来十分舒适，但其实也是一大笔花销哩，寻常人家基本上是很难享受得起的。

官客船示意图

堂客船示意图

我国古代的画舫有堂客和官客这两种：平日里河面上的画舫大多是男子乘坐的，这种画舫被称为"**官客船**"。

只有到一些需要全民都去参与的重大节日的时候，比如说端午节、盂兰盆节等，装满女客的"**堂客船**"才会纷纷漂浮到水面上去。

古代造船技术的伟大发明

中国是世界上造船航海历史悠久的国家之一，造船技术在相当长的一段历史时期内，处于世界的领先地位呢。其中，我们的水密隔舱、船艉轴向舵和龙骨装置这三大发明对于世界其他地区的造船技术产生了深远的影响哩。

▶ 水密隔舱

水密隔舱是造船技术里的核心之一。我国发明的水密隔舱技术早在宋元时期就已经相当成熟了，直到1795年，英国人本瑟姆才将这一技术引进欧洲，用于为皇家海军设计的6艘新型军舰。而我国最早的带有水密隔舱的船叫作"八槽舰"，由东晋末年的起义领袖卢循所建。

▶ 船艉轴向舵

船艉轴向舵也是我国古代一项伟大的发明，最迟不晚于汉代。据说，在公元2~4世纪的时候，我国就已经出现轴向转动舵了，这大大提高了船舶

○—○ 船艉轴向舵示意图

的操纵性能。大约在12世纪的时候，这项技术才经过印度洋传到了地中海，随即在西方世界得到广泛的应用。

▶ 沙船

　　沙船是我国古代最具代表性的船型之一，船底近乎平底，横剖面近乎矩形。这种船不仅装载量大、稳定性高、不怕搁浅，而且制造工艺简单。沙船虽然也是战船，但是

沙船示意图 ○—

燕尾牌

鹰船示意图 ○

船上没有可以防御火器、矢石攻击的设备，这样的船是如何抵御敌人的呢？原来，沙船在战场上还有一个好帮手，那就是"鹰船"啦！鹰船是一种轻型战船，它进退如飞，灵活机动。它的船身两头尖翘，这让敌人难辨艏艉。鹰船船身的四周都用茅竹密钉作为掩护，竹板间留有射孔，士卒可以从孔中向外射箭、放铳。作战时，鹰船迅捷地冲入敌人的船队，毁杀敌军水师。而沙船呢，就在鹰船的配合下快速靠近敌人，让船上的士卒能够近距离地完成杀敌任务。沙船与鹰船配合作战，火器与冷兵器协同使用，以发挥远攻和近战相结合的威力。早在宋代，我国就已经可以批量生产沙船了，而西方出现这种船要比我国晚数百年。

▶ 橹

橹是从长桨逐渐发展而来的，兼有舵和桨的双重功能，并且其推进效率极高。橹只出现在我国，西方世界没有过。

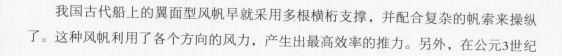

橹示意图 ○

▶ 翼面帆

我国古代船上的翼面型风帆早就采用多根横桁支撑，并配合复杂的帆索来操纵了。这种风帆利用了各个方向的风力，产生出最高效率的推力。另外，在公元3世纪

翼面帆示意图

时，我国的帆船就已经采用多根桅杆前后错位配置、主桅杆向船尾方向倾斜等先进技术，而欧洲直到15世纪才出现了三桅帆船。

▶ 舷侧插板

　　船只行驶在海上经常会遇到大风浪，很容易倾覆，我国古代的帆船采用了舷侧插板的技术来避免这种风险，减小船只的横摇现象，例如前面讲过的**海鹘船**。这种技术最迟在唐代（618—907年）就已经出现了，而欧洲要直到16世纪才有类似的装置。

佛郎机是15、16世纪欧洲流行的一种火炮，能连续开火，又称速射炮。因为这种炮是由葡萄牙人传入我国的，所以得名。

佛郎机示意图

历史悠久的冷兵器

宋子曰："兵非圣人之得已也。虞舜在位五十载，而有苗犹弗率。明王圣帝，谁能去兵哉？'弧矢之利，以威天下'，其来尚矣。为老氏者，有葛天之思焉。其词有曰：'佳兵者，不祥之器。'盖言慎也。火药机械之窍，其先凿自西番与南裔，而后乃及于中国。变幻百出，日盛月新。中国至今日，则即戎者以为第一义，岂其然哉？虽然，生人纵有巧思，乌能至此极也？"

冷兵器的由来和发展

人类社会的发展初期，工具和兵器是不可分的。随着社会的复杂化及工艺的进步，工具很自然地因用途的不同而有了形形色色的改变，兵器于是在此时产生了较为明确的定义啦。为了与后来的枪、炮、火箭等产生热能的火器有所区分，人们一般会将兵器分为热兵器和冷兵器两种，其中冷兵器就是接下来我们要一起了解的那部分了。

▶ 青铜

在新石器时代晚期，我国就已经出现了青铜器，大约在夏朝，我国进入青铜时代，经商、西周、春秋到战国时期，延续约2000年。夏末商初，青铜兵器的铸造工艺

商代青铜刀
（公元前 12 世纪～公元前 11 世纪）

已达到一定的水平。到了商朝，为了建立具有相当规模的军事力量，青铜兵器的数量、质量、战斗效能都得到了极大的提高。战国中期，青铜兵器的发展达到了高峰。

青铜兵器发展的基础，是商周时期青铜冶铸业的不断发展。商朝青铜冶铸工艺，已经发展到以纯铜、锡和

知识加油站→

东周时期的《考工记》中，记载了冶铸各种青铜器物的不同合金成分的配比，其中有一半是关于各类兵器的，用其指导实际生产，能够保持兵器的质量和生产的稳定性，促进军队装备的规范化。

铅按比例冶铸青铜的较高水平。同时，批量生产能力也获得了极大的提升。比如，在河南发现的商朝晚期铸铜遗址，面积超过1万平方米，出土的青铜礼器、兵器，总重量达到1600多千克，说明当时青铜冶铸的规模相当大。周朝时期，青铜器生产规模更加扩大，这正是青铜冶铸业在这一历史时期内大发展的缩影。

青铜兵器的发展，也与其特定历史阶段的作战方式紧密地联系在一起。

在史前阶段，氏族部落之间的争斗，主要是武装人群徒步作战，缺乏严密的组织和指挥，对兵器也没有特定的要求，只要能起到杀伤敌人和做好自身防护的功能即可。商周时期，战车逐渐成为军队的主力，车战也成为主要的作战方式。为了满足车战的要求，3米以上的青铜戈、青铜戟、青铜矛成为主要兵器。一辆战车上通常乘坐3个人：1人负责驾车，其余2人负责作战，其中1人以远攻射箭为主，另外1人以近战格斗为主。战车上主要配备有弓箭、青铜戈或青铜矛等进攻型武器，以及青铜短刀、盾牌、青铜胄或者皮甲等防御装备。商朝晚期开始有了武装的骑兵，但是因为数量少，所以并没能形成单独的兵种。

商朝以后，经西周到春秋时期，车战的规模日益扩大，这也促进了车战兵器的发展。周朝战车的驾马从商朝的2匹增加到了4匹，还在车上增加了防护设施，如在车舆四周加钉由大型青铜甲片组成的护甲；或在曹端增置矛状长刺，用以杀伤靠近战车的敌方步兵。兵器上也改进了外形设计以提高杀伤效能，比如青铜戈，"胡"加长，"穿"增多，改进"援"与握柄的交角，加大刃的弧度，因而既提高了钩砍效能，又使其与握柄的结合更加牢固。握柄的制法也有改进，采用了木芯外包竹片、缠帛，再涂上漆的形式，这样既牢固又富有弹性。

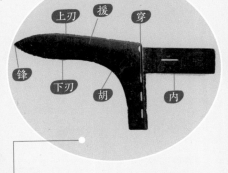

戈头示意图。戈是一种以钩杀为主要方式的武器，由戈头、柲（bì）、柲帽和镈（读 zūn，戈柄下端的圆锥形金属套）组成

到春秋末年和战国初年，车战兵器的组合更加完善，这时期的车战兵器主要有戈、殳（shū）、戟、矛和弓矢，以及青铜剑、皮甲等。周朝青铜兵器的发展成果表明，当时已经达到青铜兵器制造工艺最成熟的阶段。

然而盛极必衰，战国中晚期的时候，也正是车战和车战用青铜兵器开始走向衰落的时期。此时，秦国开始崛起了。在秦国的兵器中，更新的金属材料钢铁开始崭露头角，这预示着冷兵器时代将要进入一个新的发展阶段。

难以置信→

"铬盐氧化"是近代才出现的先进工艺，德国在1937年，美国在1950先后申请了专利。所以在出土的秦剑上发现了铬盐化合物的消息一经公布，立刻轰动了世界。原来，我们的古人早在公元前400多年的春秋时期，就已经掌握了这项技术啊！

▶ 钢铁

铁器的出现，其实在我国还是比较早的。在商朝，人们就开始利用天然陨铁制作兵器的刃部了。春秋时期，出现了钢铁制造的兵器。战国末期，钢铁兵器开始装备军队，但是由于当时的社会生产力水平较低，青铜兵器还在继续制造并装备军队，钢铁兵器只能部分装备部队。

西汉初期，中央集权得到巩固，朝廷依据全国的地理条件和各地的风俗

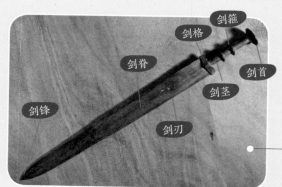

剑箍
剑格
剑脊
剑首
剑锋
剑茎
剑刃

东周时期的青铜剑

习惯，在不同的地方分别组建了骑兵、步兵、水兵等兵种。其中，为了抗御北方游牧民族的袭扰，朝廷特别强化了骑兵的发展，对兵器制造业也提出了更高的要求。汉武帝实行的盐铁官营制度，进一步推进了冶铁行业的大发展，生产规模日益扩大。这个时期，不仅出现了"百炼钢"制品，还出现了铸铁脱碳法、局部淬火等新工艺、新技术，为钢铁兵器的生产提供了物质基础和技术支持，并逐步实现了全面取代青铜兵器的目标。

汉代时，钢铁兵器正式登上历史的舞台

具装铠示意图

　　南北朝时期，重装骑兵成为军队里的主力，兵器的发展也重在如何改进骑兵装备方面。其中马具的完善，比如马镫的普遍使用和马鞍的改进，进一步提高了骑手的作战能力。这时期出现了明光铠，这是重装步兵或者骑兵的防御装备；而战马也有防护装备，那就是"**具装铠**"，由面帘、鸡颈、当胸、马身甲、搭后等构成。重装骑兵的进攻性兵器也有些变化，马戟日渐淘汰，多用长体双刃的马矟（读shuò，一种骑手专用的长矛），以增强穿透铠甲的威力。南北朝时期的步兵不如骑兵那样受重视，多数士卒缺少铠甲，以刀和盾为主要兵器，远射武器以弓箭为主。

隋唐时期，重装骑兵的重要性有所下降，作战时更加强调骑兵轻捷的特点，因此"具装铠"的生产也不再受重视。弓箭和横刀是当时骑兵和步兵必备的武器。军队中按照分工装备的各种主要兵器的数量和士兵人数有了比较系统的规定，集团作战能力进一步提升。

▶ 王者

北宋初期，打仗的兵器又有了新的变化。除了传统的兵器之外，还有了为适应特殊战斗需要而专属的武器，比如骨朵、铁链夹棒等锤击型兵器。远射兵器仍然以弓箭为主，弩则向更加有利于攻城的大型床弩方向发展。

古代行军队伍示意图

原始社会就有了围墙、城堡等防御工事，宋朝时期，在总结前代筑城技术的基础上，进一步增加了城楼、角楼、弩台、瓮城、城壕等设施，使得城市的防御体系更加完备。因而也形成了具有专门用途的攻守城寨的武器系统。比如，重型远射兵器床弩和炮（用以摧毁敌方的防御设施和消灭依托城堡抵抗的敌人，同样也用于守方摧毁敌方的攻城器械和杀伤攻城部队）。攻城器械中常见的有云梯（用以攀越高墙深壕的器械，其中历史最久的是周朝已出现的登城用的）、壕桥、折叠桥（用于跨越壕沟）、辒辌车（读fén wēn chē，此车是用于掩护士卒抵近城垣的防护棚具），以及用于登高侦察的巢车、望楼车等。守城器械则有檑木、檑石、猛火油柜（用来烧毁云梯等攻城器具，如第64页图中所示）等。此外，还有用来堵塞被敌人摧毁的防御工事的塞门刀车、木女头及灭火器械等。

壕桥、折叠桥

辒辌车

云梯

知识加油站→

　　猛火油柜是目前世界上有文字记载的最早的火焰喷射器，出现于公元913年的后梁，其所用的"猛火油"正是石油。

古代攻防作战示意图

五眼神机

猛火油柜

夜叉檑

绞车

火炮

云梯

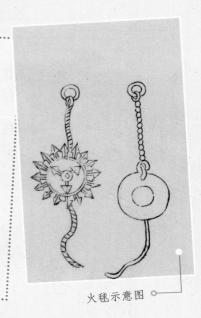

火药是我国古代四大发明之一，最早是由古代的炼丹术士们发明的。汉朝及其以前的年代，制造火药的硝石和硫黄是被人们当作治病的药物来使用的。隋唐时期，术士们发现了硝石、硫黄和木炭混合物的燃烧特性后，开始总结配方，用其炼丹。经历了五代十国至北宋初期（公元10世纪左右），已经有人开始用火药来制造纵火器了，使传统的火攻战术有了新的发展。

火毯示意图

特别值得一提的是，北宋初年出现了用火药制造的火箭、**火毯**等守城器械，表明原始的火器开始装备军队，这等于宣告了冷兵器时代的结束。

你知道吗？

宋朝虽然有了火器，但是处于初级阶段。守城的时候这些火器还能派上点用场，可在真正的野外战场上，无论是数量还是性能，它们都无法左右战局。所以当宋兵面对数量众多、勇猛好斗、机动灵活的蒙古铁骑的时候，只能是一败涂地了。

元朝是横跨欧亚的大帝国，虽然留传下来的兵器实物非常少，但是仍看得出这一阶段的兵器质量精良，经久耐用呢。蒙古兵的长矛铁颈上往往有一个钩，可以把敌人从马上拽下来。短兵器以刀为主，骑兵也配备斧、短枪（短矛）等。蒙古兵的刀轻薄犀利，刀身略弯，俗称"环刀"。远程攻击以弓矢为主，每个骑兵带有两三张弓，同时备有两三个装满箭的箭筒。元朝的造炮技术已有了很大发展，其"回回炮"

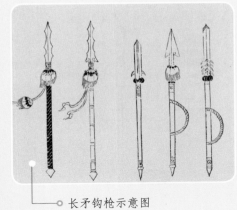

长矛钩枪示意图

一次能抛发100多千克的石头，威力巨大，发射时声如雷鸣，颇有震慑力。蒙古骑兵很少用盾牌，只是在需要攻城的时候才会使用以柳条或者小树枝等编成的盾牌。而蒙古军队中的汉军步兵则常备盾牌，除了旁牌、团牌、铁团牌、拐子木牌等常规种类外，还造出了一种可张可折、收放自如的"叠盾"。元朝的战船也多采用南宋"艨艟"战舰的制作方法。火器在蒙古军的作战中起过相当大的作用，蒙古军西征时，经常使用火油筒；

→ 知识链接

盾，古代称为干，最早的记录是《山海经》里对刑天的描述。当时，刑天与黄帝轩辕氏争斗，打不过黄帝，结果被黄帝砍了脑袋。可是刑天死不服输，"乃以乳为目，脐为口，操干戚以舞"。陶渊明在《读山海经诗》中称赞道："刑天舞干戚，猛志固常在。"

火铳

火筒

火铳、火筒示意图

对南宋作战时，也大规模使用火炮（火球）；对日本作战时使用过丁铁火炮。之后，又发明了先进的管状火器——火铳。火铳与突火枪原理一样，用金属做筒，利用火药在药室内燃烧后产生的气压把弹丸射出去，产生杀伤作用。元朝中后期，火铳已开始装备部队，用于实战。元朝火炮技术的飞跃发展是我国军事史，乃至世界军事史上具有里程碑意义的大事呢。

到了明朝的时候，火器的发展就已经非常成熟了。远射的火炮已经基本上取代了弓和弩，不过单兵使用的火器，比如说**鸟铳**等，因为装填弹药会比较耽误时间，所以刀、矛、弓箭等传统兵器仍然是当时步兵的基本装备，毕竟在战场上，时间就是生命呢。

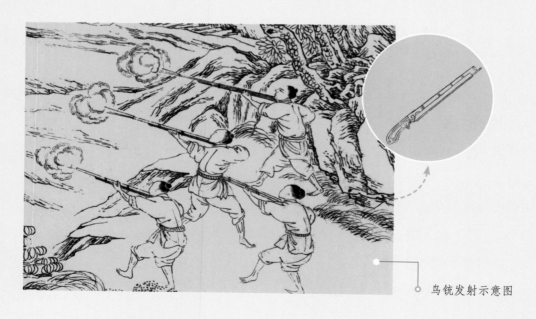

鸟铳发射示意图

清代的制式军刀包括顺刀、窝刀、朴刀、斩马刀等，这
几种刀一般在制作上都非常精良，甚至一些刀在刃身上还可以
见到细密的折叠纹路。据说，乾隆皇帝曾经4次命内务府造办
成批的御用刀剑，这些刀剑就连装具都非常华丽，除了装饰有
金银玉石之外，刀鞘大多为红、绿两种颜色的鲛鱼皮，或者用
金桃树皮拼成"人"字的图案，并且标有名称、编号和年款等
信息，展现了当时工艺的极致。这些刀剑还经常出现在朝廷的
重大典礼中，可以说是清代兵器中的瑰宝了。

清朝高级官员的礼仪铠甲

我国古代冷兵器TOP10

我国古代兵器的种类可以说是十分丰富了，从长度来区分的话，可以分为短兵器
与长兵器。其中最常见的短兵器就是刀和剑，而常见的长兵器主要是枪、棍和大刀这3
种。另外，还有一些索击类的暗器也比较常见，比如说绳镖、流星锤、狼牙锤、龙须

你知道吗？

我国古代有"十八般武艺"之说，其实指的就是18种兵器了。哪18种兵器
呢？明代一般是指弓、弩、枪、刀、剑、矛、盾、斧、钺、戟、殳、鞭、锏、
镐、叉、钯、绳套索和白打。不过，自清代以来又有所变化。事实上，中国的
兵器是远不止18种的，另外再加上各种奇门兵器和形形色色的暗器的话，总数
恐怕会不下百种哩。

钩、飞爪、软鞭、锦套索和铁莲花等，花样可以说是很多呢。

　　不过，兵器的种类虽然多，但古人使用得最为频繁的还是刀剑之类的兵器，其中锏、鞭、弩、斧钺、戟、戈、枪、矛、剑和刀被称为我国古代的"十大冷兵器"，在古人的争斗中可以说是发挥了非常大的作用呢。

NO.10锏 锏形状为长方形，有棱无刃，十分有利于步战。在对战中，它的杀伤力十分可观，即使是隔着盔甲也能将人给活活砸死呢。

锏

NO.9鞭 鞭在春秋战国时期就已经非常盛行了。硬鞭大多为铜制或者铁制，软鞭则多为皮革编制而成。硬鞭是为对付盔甲而产生的，可以一举打碎护心镜，威力非常的大。与锏相比，虽然杀伤力不及锏，但是在破甲能力上比锏要强。

鞭

弩

NO.8弩 弩也被称作"窝弓"，是一种装有臂的弓，主要由弩臂、弩弓、弓弦和弩机等组合而成。弩比弓的射程更远，杀伤力更强，对使用者的要求也比较低。

NO.7斧钺 斧和钺是两种兵器，二者的形制相似且都是用来劈砍的长兵器。区别在于钺是一种大斧，刃部宽阔，呈半月形，更多地用作礼兵器；而斧则是一种用途极广的实用

斧钺

性的工具。斧钺出现在春秋时期，由于其杀伤力不如戈和矛，在实战中的地位便不高，主要用在仪仗上，作为军权的象征而存在。

戟

NO.6戟 戟实际上是戈和矛的合成体，它既有直刃又有横刃，呈"十"字或"卜"字形，因此具有钩、啄、刺和割等多种用途，在杀伤能力上也远远胜过戈和矛呢。

戈

NO.5戈 戈是我国特有的兵器，它和古埃及的镰头剑一样，属于世界上独一无二的民族兵器呢。但是，戈其实并不是杀伤力很强的武器，从夏朝到汉朝都一直在流行，不过到了隋唐的时候就基本绝迹了。

矛

NO.4矛 矛是古代军队中使用时间非常长的冷兵器之一。它是一种纯粹的刺杀性的兵器，构造十分简单，只有矛头和矛柄这两个部分。最长的矛有4米，主要是用在车战上，而骑兵使用的矛通常被叫作槊（shuò）。

枪

NO.3枪 枪和矛的外表十分接近，不过矛一般要比枪长一些，杆部也会更粗一些。二者最主要的区别在于，矛杆较硬，适合大部队冲锋；而枪杆可以略微弯曲，作战的时候会更加灵活，因此被称为

"百兵之王"。不过，枪术在十八般武艺中算是比较难学的，十分不易掌握呢。

NO.2剑 剑一般两边都开刃，有着笔直的剑身和尖锐的剑尖。舞动的时候，剑向正反两边施展都具有杀伤力，剑尖还可以轻易地穿透甲衣，是非常危险的武器呢。我国在剑的制造和使用上有悠久的历史，剑的种类繁多，名剑也是数不胜数。

剑

NO.1刀 刀可是战场上常见的兵器，一边开刃，以劈砍为主。刀可以被分很多种，比如说腰刀、柳叶刀、环刀和朴刀等。古人有"黄帝采首山之金，始铸为刀"的说法，可见刀的历史有多么悠久啦。

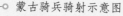

蒙古骑兵骑射示意图

刀

冷兵器之王——弓弩

历史上是先有的弓，尔后才有的弩。弓箭大约出现于旧石器晚期到新石器早期，供狩猎之用。考古中目前所发现最早的漆弓，距今已有8000年的历史了。在缺少有效防护的原始社会里，锋利的箭矢是无法抵御的。换句话说，谁掌握了弓箭力量上的优势，谁就能够征服天下。

　　从先秦时起，我国的弓箭种类开始丰富起来，出现了一种新的弓形——角弓。顾名思义，角弓是用动物的角和筋做成的，用角做弓干，用筋做弓弦。春秋战国时期，弓箭的制造技术有了较大进步。无论是选材还是工艺流程都有了明确的规定。**唐代**，据典籍记载，弓分为长弓、角弓、梢弓和格弓4种。其中，长弓专供步兵使用，角弓是骑兵用的，而梢弓和格弓则是皇帝的禁卫军才能使用。宋代，弓分为黑漆、黄桦、白桦、麻背几种。可以明确的是，在弓的外部使用了桦树皮进行包裹，因为桦树皮富含油脂，可以起到防潮的功效。**蒙元**时期，弓主要分为两种，一种是五段插接式的长梢弓，另一种是七段插接方式的"螃蟹弓"，这种弓最大的特点是短小精悍。**明代**，弓主要分为开元弓和小梢弓。其中，开元弓是皇帝和将军们用的；小梢弓，据说是蒙古人征服了土耳其以后传入的土耳其弓的变形版，两者的区别就在于握把处的不同，土耳其弓的握把向外凸，而小梢弓的握把却是向内凹的。**清代**，弓干巨大，弓梢长而反

唐代弓箭

清代弓箭

向弯曲，弓梢的根部有明显的弦垫。这种弓的好处是：巨大的弓干可以在弓臂变形小的情况下增大对箭的推动力，从而增加推动距离；长弓梢虽然增大了弓臂的负担，但是其增强的杠杆作用，更加适合使用重箭。

▶ 弩

前面我们讲过，弓箭大约出现在石器时代，而弩大约出现在春秋战国时期。弩是防御型武器，不适合于冲锋陷阵。

古人打仗用万弩齐发来胜敌。第一排弩兵发射完成后退，第二排弩兵上前发射弩箭，而第三排弩兵完成上弩后会持弩等待上前。如此周而复始地轮番发射，会给对方造成持续的伤害

轮流上弩

轮流进弩

轮流发弩

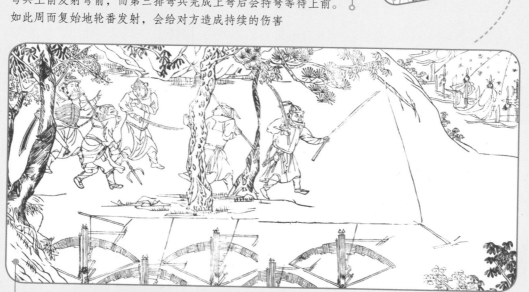

窝弩通常被安置在营寨周围的要路旁并装上毒箭，以防止晚间敌人的奸细渗透或是偷营劫寨。为了对付窝弩，敌人常常会由排头兵手拿较长的细竹竿，一边走一边向前方击打试探，以求能提前触发窝弩，避免中箭

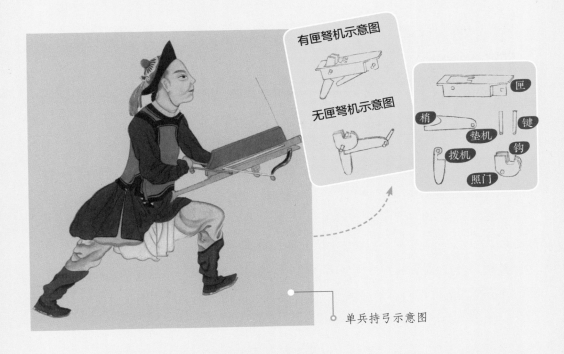

有匣弩机示意图

无匣弩机示意图

匣

梢

键

垫机

拨机

钩

照门

单兵持弓示意图

与弓相比，弩的构造较为复杂。其中直的部分叫作"身"，横的部分叫作"翼"，扣弦发箭的开关叫作"机"。弩身的前端横拴弩翼，拴翼的孔距离弩面大约有10毫米（若稍微厚了一些，弦和箭就配合不精准），与弩底的距离则不必计较。弩面上还要刻上一条直槽用以盛放弩箭。在弩身的后端要刻一个缺口，用来扣弦，旁边还要钉上活动的扳机，只要将活动扳机向上推动即可发射箭镞。

弩是一种大威力的远距离杀伤性武器，按张弦的方法不同可以分为臂张弩、踏张弩和腰张弩等，此外还有能够数箭齐发或者连续发射的连弩及装有数把弩弓的**床弩**。

此床弩由7人发射大凿头箭，射程达150步

► 历朝历代的弩

　　秦弩，弩臂要长十到二十几厘米，弩臂的加长，增大了弩弓的张力，也增加了弩的射程。

　　汉代，军队中已经大量装备强弩，并普遍应用铜质"郭"（弩机匣），弩机和弩臂的强度得到较大的提升；同时，改进了弩的瞄准装置"望山"，使得发射时可以在更远的距离内达到较高的准确性。**南北朝**时，曾经制造过威力巨大的大型弩，这种弩的弩臂大概有2米左右，人称"万钧神弩"。这么大的弩，靠个人的力量显然是不可能张弦发射的，只能用绞车等机械来协助发射。

　　唐代，弩有8种形制，分别是单弓弩、臂张弩、角弓弩、木单弩、大木单弩、竹竿弩、大竹竿弩、伏远弩，其中木单弩、大木单弩、竹竿弩、大竹竿

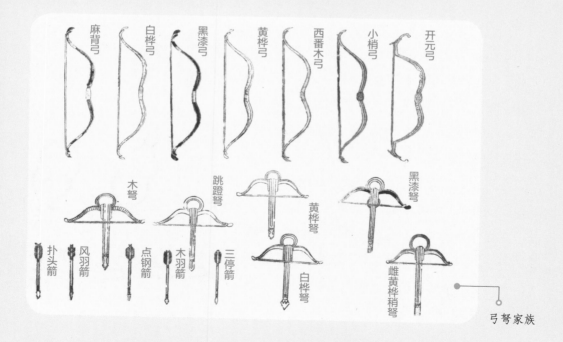

弓弩家族

弩、伏远弩属于大中型弩，威力惊人。此外还有一次可同时发射7支箭，专用于攻城拔垒、无坚不摧的"绞车弩"（又称"车弩"）。

宋代，大型弩被统称为"床弩"，少则需要4~7人一同转动绞车张弦才能进行操作，多的需要二三十人，甚至70人转动绞车张弦才能进行操作。其所发射的箭矢状如大型的标枪，箭羽为3片像剑一样的铁翎。还有一种被称为"踏橛箭"的箭矢，发射后可以钉在城墙上，供攻城的将士攀缘而上。

蒙元帝国时代，床子弩被装上牛车跟随蒙古大军一路征战，数次攻破穆斯林城市，以致阿拉伯人直接将其统称为"牛弩"。

明代前期，传自宋元的轻型弩还能作为军事装备而存在，但多数中、重量级的弩明显已经没落了。到了明中期以后至**清朝**，由于火器制造技术的发展，弩逐渐退出了历史舞台。

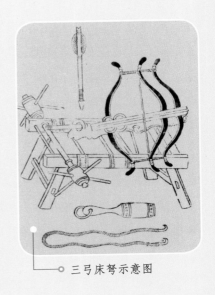

三弓床弩示意图

▶ 古人做弓的过程

→选材。根据记载，古人通常需要将干、角、筋、胶、丝和漆这6种材料都准备好了才能合制成弓。要求是：（弓）干依照"柘木为上，檍木次之，桑木次之，橘木次之，木瓜树枝条次之，荆条次之，竹材为下"的原则取材；角最好选择秋高气爽时宰杀的牛的牛角，因为这时的牛角最是结实耐用；筋是越精细、越长的越好；胶要求颜色越深、越干燥的越好；漆要清澈得仿佛见底的；而丝则要光泽鲜明的。

→耗时。制作时不同的工序要在不同的季节里完成，这样才能保证弓的质量。通常，要在第一年的冬天将完全干透的弓干削制成型；第二年的春天将牛角制成大小合适的块；夏天将筋梳理成型，再经过酒蒸、锤打、拧紧、手撕，使之不再收缩成为细条；到了秋天，在弓干的外侧粘贴筋丝，在弓干的内侧贴上角；冬天则把丝精细地缠绕在弓节上；到极寒的时候上漆；第三年的春天才能够上弦。这样算来，古代的工匠要制成一张好弓，连选材在内需要4年的时间。难怪古时候一张好弓是那么的珍贵。

→ 制作。先削一根竹片制作弓干，竹片以秋冬季节砍伐的为好，因为没有虫蛀。削好的竹片要中腰略小，两头稍大一些，长度大约在两尺左右。竹片的一面用胶粘贴上牛角，另一面则用胶粘铺上牛筋，以加固弓身。胶是从鱼鳔或杂肠中熬取出来的。东海里有一种石首鱼（别名黄花鱼、石头鱼），用此鱼的鳔熬成胶，干了以后比铜铁还要结实。用牛筋和胶液固定以后，弓干的外面再粘上桦树皮以起到加固的作用，这叫作"暖靶"。这几种天然的材料，缺一不可。

弓坯做成之后，要放在屋梁的高处进行烘焙。等到胶液干透以后，就拿下来磨光，然后再一次添加牛筋、涂胶和上漆，这样做出来的弓质量才算是很好了。

弓弦用柘蚕丝制作会更加坚韧。每根弦用20多根丝线为骨，然后用丝线横向缠紧。缠丝的时候分成3段，每缠7寸左右就留空10～20毫米不缠。这样，在弦不上弓时就可以折成3节收起。此外，弓干两端系弦的部位要用最厚的牛皮或软木做成像小棋子那样的垫子，然后用胶粘钉在牛角的末端，这叫作垫弦，它的作用是用来保护弓弦。

→ 测定拉力。弓的挽力（也称拉力）决定了箭的射程远近和穿透力，越强的弓射程越远，穿透力也越强，这在战场上可是非常重要的呢。测定弓的拉力时可以用脚踩住弓弦，然后将秤钩钩住弓的中点向上拉。当弦拉满时，推移秤锤称平，就可以知道弓的拉力大小了。另外，做弓的时候工匠们也会根据所需拉力的大小来选择不同的材料分量，其中给力气大的人所用的弓，角和竹片削好后约重7两[①]，筋、胶、漆和缠丝约重8钱[②]；中等力气的相应减少十分之一或五分之一，下等力气的减少五分之一或十

———————————

①② 1两等于10钱，合50克；旧时通行16两制，1两约合31.25克。

古人测弓法

矫正箭杆

分之三。

→ 做箭。箭杆的用料各地不尽相同，南方用竹竿，北方则使用蒲柳木或者桦木。通常情况下，箭杆长2尺，箭头长1寸。做竹箭时，首先是削竹三四条并用胶黏合，再用刀削圆刮光，然后再用漆丝缠紧两头。蒲柳木或桦木做的箭杆，只要选取圆直的枝条稍加削刮就可以了，只是木箭杆干燥后容易变弯，需要矫正。

箭杆的末端刻有一个小凹口，叫作"衔口"，以便扣在弦上，另一端安装箭头。

→ 箭羽。箭飞行得是正还是偏，是快还是慢，关键就在箭羽上。在箭杆末端近衔口的地方用胶粘上3条3寸长的翎羽使其呈三足鼎立的样子。在北方，制造箭羽时以雕的翅毛为最好，角鹰的翎羽居其次，鸱鹰的翎羽就更次了。南方的造箭人由于缺少雕、鹰、鸱等猛禽的翎羽，甚至用鹅翎、雁翎代替，可是鹅翎箭和雁翎箭发射出去时往往手不应心，一遇到风就歪到一边去了。

　　箭杆矫正的方法是用一块几寸长的木头，上面刻一条凹槽，叫作箭端。将木杆嵌在槽里逐寸刮拉而过，杆身就会变直，即使原来杆身头尾重量不均匀的也能得到矫正。

通过试射可以进一步
发现矫正后的箭的质
量优劣

脾气暴躁的火器

　　宋子曰："凡火药以硝石、硫黄为主，草木灰为辅。硝性至阴，硫性至阳，阴阳两神物相遇于无隙可容之中。其出也，人物膺之，魂散惊而魄齑粉。凡硝性主直，直击者硝九而硫一。硫性主横，爆击者硝七而硫三。其佐使之灰，则青杨、枯杉、桦根、箬叶、蜀葵、毛竹根、茄秸之类，烧使存性，而其中箬叶为最燥也。凡火攻有毒火、神火、法火、烂火、喷火。毒火以白砒、硇砂为君，金汁、银锈、人粪和制……"

火药的发明

下面我们来讲一讲古代的热兵器。在开讲之前呢，宋老师先给大家讲两段历史故事。

宋宝祐六年（1258年）十月，蒙古大汗蒙哥亲统右翼蒙古军攻取四川，又命云南的兀良合台率蒙古军从交广北上，打算与忽必烈在鄂州（现在的湖北武汉）会师，然后直奔临安，消灭南宋。这一年的年底，蒙哥与先锋纽璘率军进到合州。合州知州王坚调集了属县17万人，增筑钓鱼城，设防坚守。开庆元年（1259年）初，合州保卫战揭开了大幕。先是蒙古军的大将汪德臣选派勇士趁夜登上合州的外城马军寨，杀死了驻守在那里的宋军。王坚听说后立马率兵驰援，双方的战斗一直持续到天明，结果宋军切断了蒙古军的云梯，打败了蒙古军。后来，蒙哥见合州久攻不下，便决定亲自督战。是年七月，蒙哥又一次亲自到城前督战，结果被合州守军发出的飞矢击中，抬回营后没多久就死了。最终，合州保卫战以南宋军民获胜而结束。

元朝末年（1367年），张士诚被明军围困在平江城，大将徐达"领四十八卫将士围城，每一卫置襄阳炮架五座，七梢炮架五十余座，大小将军筒五十余座，四十八营寨列于城之周遭，张士诚欲遁不得飞渡，铳炮之声昼夜不绝……"。由此可见，在当时的战场上，火铳、火炮等火器的数量已是相当可观了。

从上面的故事里我们看出了什么呢？第一，攻城的蒙古军使用了云梯等装备，而守城的宋军动用了大炮等重武器予以反击。第二，到了明朝的时候，火器的种类更加丰富，在战场上的应用也比较普遍了。是不是？

宋火砲，顾名思义，由宋朝人发明，它是在车上安置了毡鹞枪等火器作战，也被称为"砲之祖"

同学们，比起传统的冷兵器，火药、大炮等热兵器的威力可以说是大了很多倍呢，它更是现代战争里必不可少的武器。

　　那么，火药到底是怎么发明出来的呢？原来啊，从战国至汉初，帝王、贵族们沉醉在做神仙并长生不老的幻想中，于是就驱使一些方士与道士炼"仙丹"。在炼制过程中，那些方士发现把炼丹用到的一些东西放在一起会发生爆炸，于是在一次次的试验中，火药也就这样被发明了。

　　作为世界上最早发明了火药的国家，早在隋代的时候，我国就已经诞生了硝石、硫黄和木炭的"三元体系"的火药了，而黑色的火药则在唐代的时候就已经正式出现了。遗憾的是，发明了火药以后，我国古代的贵族们并没有急着把它投入到军事里面去，而是用来娱乐了。据说，宋代马戏团的杂技表演及木偶戏中，都用了刚刚兴起的火药制品"爆仗""吐火"等来营造神秘的气氛。火药虽然在发明的早期并没有得到推

○— 古人炼丹示意图

传统步兵

火炮

火炮

火枪兵

传统骑兵

军队队列示意图 —○

广，好在这并不代表着枪、炮等热兵器没有得到进步。事实上，大炮和火枪在宋代的军事应用已经相当成熟了，只是没有大规模地投入到战争中去使用而已。到了明清时期，火器才开始在战场上发挥其应有的决定性作用呢。

你知道吗？

从明朝后期一直到清朝中期，我国的火器制造水平在世界上都是领先的。只是后来因为社会生活还比较安定，所以清朝政府对火器的发展不是很积极，才渐渐被同时期的欧洲军事工业赶超，最后在鸦片战争中全面落败，上演了国破家亡的"百年耻辱"。所以，同学们应该牢记"落后就要挨打"这句至理名言。

▶ 最早的火药"三元体系"

那么，火药的成分到底是什么呢？这些神秘的物质又是怎样组合起来，从而爆发出这么大的威力的呢？其实，火药的成分以硝石和硫黄为主，草木灰为辅。其中，硝石在燃烧时能够释放氧气，而硫黄属于易燃的物质，所以啊，这两种神奇的物质在没有一点儿空隙的地方相遇，燃烧就会爆炸啦。硝石在纵向上的爆发力要更大一些，所以用于射击的火药成分大都是"硝九硫一"；而硫黄则是横向上的爆发威力更加大，所以用于爆破的火药成分就是"硝七硫三"了。而作为辅助剂的炭粉，一般可以用青杨、枯杉、桦树根、箬（ruò）竹叶、蜀葵、毛竹根和茄秆之类的植物烧制而成。其中，箬竹叶炭末是最为燥烈的呢。

▶ 最早的"火箭"

我国是最早发明火药箭的国家。早在宋代的时候，人们就已经制造出火药箭了。到公元12世纪，金朝人还发明了飞火枪，这也是我国一种比较早的火药箭了。

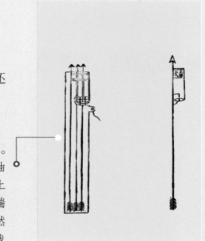

这种神机箭创造于公元10世纪，可能是世界上最早的火箭了。造箭的时候要用矾纸做筒，内中塞满火药，外面再用火块油纸包好以防下雨时淋湿了。在纸筒的后面开一个小孔，安上导火线。用竹做箭杆，铁做的箭头形状就像燕尾一样，末端装上箭羽。大竹筒里装上两三支箭，看见敌人时先点火，然后再发射。此箭适合顺风发射，射程可达百步，无论是水战还是陆战皆可使用

不过，单支火药箭的射击面积较小，杀伤力也不大。所以啊，在元明两代，我国的火器制造者又研制出来了集束火箭，这种火箭的威力可就要大上许多啦。早先的集束火箭体积还比较小，数量也非常少，通常大概在3～10支左右，而且这种集束火箭基本上是单兵武器，携带也十分轻便。明代还有许多更大的集束火箭，其中的"一窝蜂"就是典型的代表。它不仅体积大，而且装载的火箭也多，只要总火药线一点燃，就能立马发射出去了，可以大面积杀伤敌人，这就弥补了单发火箭和小集束火箭攻击面积小的缺点啦。

"一窝蜂"的规格也是有许多种的，从三连发的神机箭，到一百连发的"百虎齐奔箭"，都属于这个范畴。这种火药箭的射程一般为300米，在明军中就大规模使用了。此

外，还有"群豹齐奔箭""长蛇破敌箭"等大型集束火箭，样式繁多，也广泛应用在水陆战场上，是明军重要的火器装备哩。

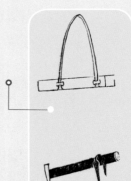

"一窝蜂"是一种比较优秀的单兵武器，它一次可装弹百枚，射程大约为2000~2500米。它比鸟铳要轻，拴根皮带就可以由一人携带。作战时，只需用小铁架支在地上就可以发射，一次发射，百弹漫空散去可以伤敌无数

▶ 最初的"炸弹"

火药出现之后，我国古人就陆续发明了各种爆炸类的火器。这些火器虽然在威力上比不了现代的枪炮，但在那个时代已经可以算得上是非常大的进步了。

"万人敌"是明末出现的一种大型的爆炸燃烧类武器，每个重量大约40千克，外皮用泥制成，一般是用来守城的，可以算得上是早期的燃烧弹了。制作"万人敌"一般需要先把中空的泥团晾干，然后通过预留的小孔往里面装满由硝和硫黄配成的火药，还可以随意地增减和掺入毒火（燃烧后能释放毒气的物质）、神火（以针砂等极细的物质制成，燃烧时不仅火花四射，还能发出"啪啪"的响声，且内含铁砂等可以伤人）等药料，接着压实并安上引信后，再用木框框住就好啦。需要注意的是，如果是用泥团制作的话，一定要在泥团的外面加上木框，这样就可以防止炸弹被抛出去以后还没等爆炸就先自己破裂了。"万人敌"的使用方法非常简单，一般是在敌人攻城的时候点燃引信，然后再抛掷到城下。抛下去以后，"万人敌"就会不断地喷射出火焰，同时四面八方地旋转起来，给敌人以极大的杀伤力。所以说，这可是守城的首要武器哩。

"万人敌"在战场上不仅能够喷火，还能够四面八方地旋转

威力巨大的火器家族

▶ 西洋炮

西洋炮是用熟铜铸成的，圆得像一个铜鼓。放炮的时候，只要是在半里的范围之内，人和马就都会被炸死。

○ 西洋炮操作示意图

▶ 五眼神机

古代的一种短火器，一般是用铁或者粗钢浇铸而成。外形为5根竹节状单铳联装，每个铳管的外侧都有个小孔。使用的时候，在铳管内添加火药，最后装填钢球或者铸

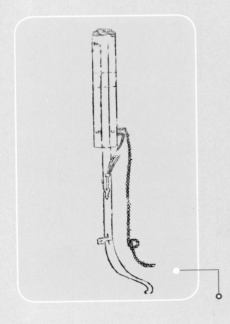

铁块、碎铁砂等，接着在小孔处添加火绳，等到使用的时候，点燃火绳，就可以引爆装填的火药而将弹丸发射出去啦，而且5根铳管是可以轮番射击的。在铳的尾部还留有柄座，安装了长度不等的木杆，以便于用来握持，从而保障射手的安全。这种火铳，每发用火药2钱，铅弹1枚，射程可达120步，是当时军队中的主战兵器，其缺点是威力虽大但准度欠佳。

○ 五眼神机示意图

▶ 百子连珠炮

百子连珠炮创制于明代，炮身通常是用精铜熔铸，长4尺，内装火药1.5升左右。炮身一侧有长1尺多的嘴，里面装设铅弹上百枚，炮的后面都有引信，炮尾则有旋转轴，整个炮身通常会横装在四方形坚木架上。发射的时候，炮身可以八方旋转，将铅弹依次发射出去。据说啊，一门百子连珠炮足以抵过50名左右强壮的士兵呢。

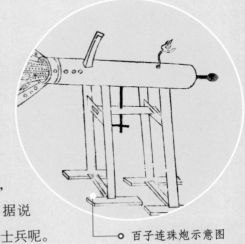

○ 百子连珠炮示意图

▶ 佛郎机

　　佛郎机是明代正德年间利用欧洲技术制造的大型后装火炮，使用带炮弹壳的开花炮弹，威力可以说是非常惊人呢。不过，因为后膛装弹对铸造的技术要求非常高，所以到了清代以后就被逐渐淘汰，让位给了比较简单的前装武器。

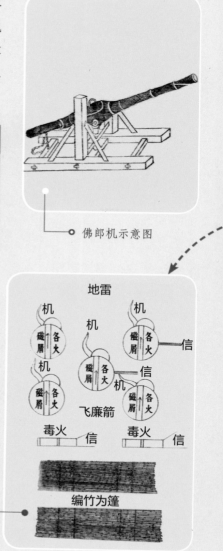

佛郎机示意图

▶ 地雷

　　地雷是埋藏在泥土中的，一般是用竹管套上保护引线，等到引爆的时候，就会冲开泥土从而起到杀伤作用，地雷本身也会同时炸裂。这便是所谓的"横击"了，是因为地雷的火药配方中硫黄用得较多。

地雷

机　　机　　机
磁屑　各火　　机　　磁屑　各火　信
机　　磁屑　各火　信
磁屑　各火　　　　机
飞廉箭　　磁屑　各火

毒火　信　　毒火　信

编竹为篷

地雷示意图

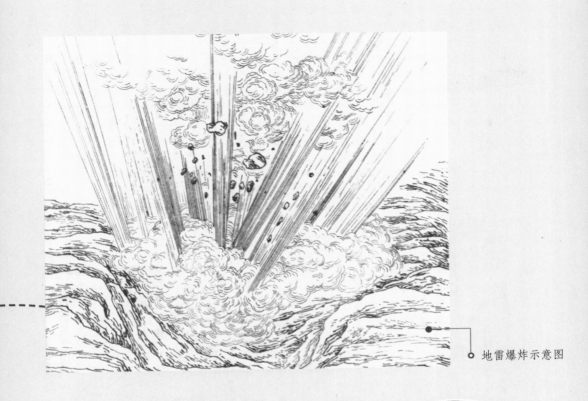

地雷爆炸示意图

混江龙示意图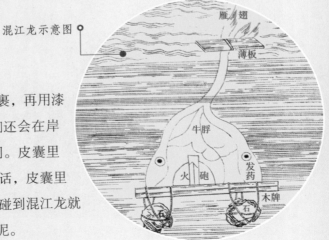

▶ 混江龙

　　这是最早的水雷。它被皮囊包裹，再用漆密封，然后沉入水底。通常，人们还会在岸上用一条引索来控制它爆炸的时间。皮囊里挂有火石和火镰，一旦牵动引索的话，皮囊里面自然就会点火引爆啦。敌船一旦碰到混江龙就会被炸坏，因此常被用于水上作战呢。

雁翅

薄板

牛脬

火砲

发药

木牌

石

石

混江龙爆炸的威力巨大

▶ 火铳

使用火铳作战的时候需要两个人一组来完成发射，其中一个人负责支架和瞄准，另一个人负责点火射击，射程一般是在180米，它是现代步枪的始祖。不过这种火铳后来就被鸟枪给取代啦。

火铳发射示意图

▶ 鸟铳

鸟铳大约有3尺长，装火药的铁枪管嵌在木托上。鸟铳的枪管近人身的一端比较粗，用来装载火药。这种鸟铳在点火时不需要引信，人们会在枪管近人身的一端通到枪膛的小孔上露出一点儿硝，然后用锤烂了的苎麻点火。发射子弹的时候，左手握紧铳对准目标，然后用右手扣动扳机从而将苎麻火逼到硝药上，这样在一刹那就可以把铅铁子弹发射出去啦。鸟雀一般在30步的范围内就会中弹，而且会被打得稀巴烂；只有在50步以外中弹才能保存原形，不过若到100步以外的话，火力就不及了。

鸟铳发射示意图

中国古代兵器中还有哪些黑科技

除了前面我们讲过的世界上最早的火焰喷射器"猛火油柜",世界上最早的枪炮始祖"火铳",以及世界上最早的地雷、水雷外,还有哪些当时具有很高的科技含金量的武器发明呢?下面,我们就一起来浏览一二吧。

▶ 毒雾神烟炮

这种攻城利器是世界上最早的化学武器了。它用狼粪、砒霜、雄黄、皂末、姜粉、辣椒屑、沙巴油等和药制成毒弹填入炮中,发射上城后,炮弹破裂毒烟、毒火、毒沙四处飞散,让敌人无法睁眼、无处躲藏,攻城的士兵可以借机登上城楼,城门自然就守不住了。

毒雾神烟炮示意图

▶ 飞云霹雳炮

飞云霹雳炮是一种用生铁熔铸的大炮,能够发射火球。发炮时声音大如霹雳,光火进出,若是连发10炮,则敌人满营起火。此炮也能发射毒火神烟。

飞云霹雳炮示意图

▶ 烧天猛火无拦炮

这种炮以卷纸为筒，内藏神火二三十种，各不相同，有能飞的、能跑的，还有能跳跃的，主要用来烧敌人的眼睛和头发，随风四散还能惊扰敌人的战马，投入敌阵，能够让敌人自乱。

烧天猛火无拦炮示意图 ○

▶ 火车

火车示意图

这种火车可不是现代意义上的运输工具，而是在两轮车中架上火炉，上面放置铁锅，锅里盛满了油的攻城武器呢。打仗时，士卒要先将锅中的油煮沸，然后继续向炉中添加柴火，等到油起火后再把车推至城门楼下。守城的人看见火必定会向下泼水，然而热油遇水就会燃烧得更加猛烈，直到把城楼烧毁。

明代有位著名的军事发明家名叫赵士桢，早年曾在国子监求学，后来在京城游历。他一生中最主要的成就就是研制和改进了很多种火器，比如他先是改进了原先只能连发5弹的迅雷铳，使其一次可以连发18弹。后来他又发明了"火箭溜"，这是一种初级的火箭发射装置，其射程比弩、弓箭等要远得多，同时可以赋予火箭一定的射向和射角，碰到目标之后会产生小型的爆炸。这些武器对当时大明朝"援朝抗倭"可是发挥了巨大作用呢！

火箭溜施射示意图

写给孩子的

天工开物

《 》

[明] 宋应星 原著

竹马书坊 编著

穿越古代科技
回望中华文明

千锤百炼
④

天津出版传媒集团

天津科学技术出版社

中华文明源远流长，从上古至明清，有文字记载的科学成就数不胜数，记载其内容的著作很多，其中不乏在世界范围内亦有广泛影响的著作。比如，地理学方面有徐霞客的《徐霞客游记》，药物学方面有李时珍的《本草纲目》，水利工程方面有潘季驯的《河防一览》，农学方面有徐光启的《农政全书》等。当然还有宋老师的这本《天工开物》。尽管欧洲在17世纪取得了科学革命与英国资产阶级革命的胜利，科学得到进一步发展，但是当时的中国，实际上从晚明直到清中期以前，无论在思想、经济还是科技发展势头上，并不落后于西欧。明朝的郑和"七下西洋"（实际上是经过了西太平洋和印度洋），带领

铁匠作为一种职业，其历史可以追溯至 5000 年以前，他们在社会生活中的重要性不言而喻，"千锤百炼""趁热打铁"等成语，都是从他们的日常劳作中总结出来的

我国的山水画形成于魏晋南北朝时期，至五代、北宋时趋于成熟，以山川自然景观为主要描写对象，可以分为青绿山水、金碧山水、水墨山水等不同的风格。我国的山水画不拘泥于真山真水的描绘，而是在追求一种诗情画意的传达。就像这幅画中所描绘的那样：连绵的群山、浩渺的江水，意态生动、气象万千；设色上以青绿为主，中间施以赭色，匀净清丽且富于变化，把祖国的锦绣河山描绘得意境雄浑壮阔，气势恢宏

着可能是当时世界上最强大的舰队出访了30多个国家和地区。清朝康熙年间的雅克萨之战，中国也获得了对沙俄的胜利。

接下来，宋老师将带着同学们一起去看看我国古代在冶炼、锻造、陶瓷、造纸等方面取得的科学成就，去感受一下物理、化学等方面的无穷魅力吧！

目录

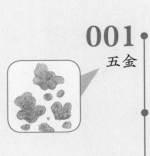

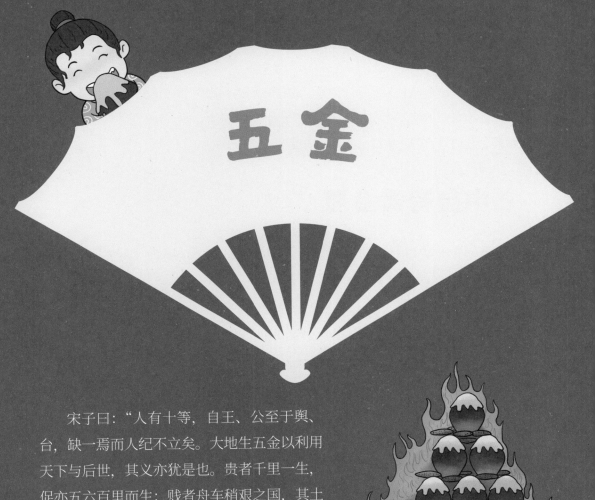

五金

宋子曰："人有十等，自王、公至于舆、台，缺一焉而人纪不立矣。大地生五金以利用天下与后世，其义亦犹是也。贵者千里一生，促亦五六百里而生；贱者舟车稍艰之国，其土必广生焉。黄金美者，其值去黑铁一万六千倍，然使釜、鬵、斤、斧不呈效于日用之间，即得黄金，直高而无民耳。懋迁有无，货居《周官》泉府，万物司命系焉。其分别美恶而指点重轻，孰开其先而使相须于不朽焉？"

欢迎同学们回到宋老师的课堂。这里我们讲一讲关于"五金"的话题。

什么是"五金"呢？所谓"五金"，指的就是金、银、铜、铁、锡这5种金属材料，它们与我们的生活关系密切着呢。

书中自有黄金屋

我国开采黄金的历史那可是十分悠久的，而且我国古代的黄金储备曾经也是非常惊人的，其中大多数还是依靠自身而来。

益州金屑。益州是中国古代地名，汉武帝时期十三州之一，包含现在的四川、重庆，以及云南、贵州等地，治所在成都

▶ 跟着古人去淘金

在不同的地区，挖金和炼金的过程都是不同的。比如说，在海南岛的儋、崖两县地区，有砂金矿，金子掺杂在沙土里面，不用深挖就可以获得哩。至于开采的方法，可以说是多种多样啦！比如说有一种砂金，古人主要采用的就是水淘选法，根据密度不同来分离金子和石头。不过据说古时候啊，在西南地区还曾经诞生过一种神奇的动物淘金法哩：人们利用鸭子和鹅吃沙子助消化这一生理特点，把没有经过拣选的矿砂喂给鸭和鹅，等过上一段时间再杀了它们，就可以从胃里取出没能消化的金沙。只不过这样淘金的话，不仅略显残忍而且消耗的成本实在有些高哩。而在河南省的汝南县和巩义市一带，以及江西的乐平、新建等地，人们都是在平地里先挖出来很深的矿井，从而取得细矿砂，再经过淘炼而得到金子的。

淘金的时候还有一件事情是要注意的，那就是不能没有节制地过度淘金，因为如果淘取得太频繁的话，金子就不会再出现啦。毕竟，即使是有再多的资源，如果一年到头都这样挖取和熔炼的话，也会变得很有限了。

▶ 如何鉴别黄金

如何鉴别黄金？那就需要掌握黄金的一些特性了。我们知道，黄金的质量非常大。假设每立方寸①铜的重量有1两的话，那么同等大小的银就要增加3钱左右的重量；再假设每立方寸的银重有1两的话，那么同等大

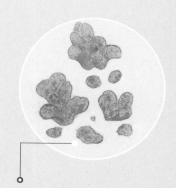

信州生金。信州原名上饶县，始建于东汉末期，元朝时隶属于江浙行省信州路。明朝时改隶江西行省。1949年5月上饶县解放后成立县级的上饶市。2000年上饶市改称信州区，隶属于新成立的地级市上饶管辖

难以置信→

试金石在明代也是比较常见的，它是一种黑色且坚硬的石块，形态各异，有的像鸡蛋一样圆润，有的表面则布满了波纹状的坑凹起伏，还有的表面布满了如同人指甲掐过的痕迹。使用的时候，只要用黄金在石头的表面划一下，就可以看出黄金的成色，十分地神奇呢。

小的金就要增加2钱的重量啦。黄金的另外一种性质就是柔软，甚至可以像柳枝那样曲折哩。至于黄金的成分高低的鉴别，一般来说，青色的金子含金量大约有7成，黄色的含金量有8成，紫色的含金量有9成，而赤色的就是纯金了。那么，要怎么分辨出金子的不同成色呢？通常情况下，人们只要把这些金子在试金石上面划出条痕，然后再用比色法就能够分辨出它的成色啦。

---

① 明代的1尺约为34厘米，所以1立方寸约为39立方厘米。

▶ 薄如蝉翼轻似纱

作为一种贵重金属，黄金由于它华美的颜色而受到人们的珍重，因此古代的人们经常会把黄金给加工打造成金箔用来装饰。一般来说，每7厘（厘是一种重量单位，通常而言，1厘等于3.125克。在古代，1厘黄金的重量约为0.122克）的黄金就可以捶成1000片左右的1平方寸的金箔呢，如果把它们粘铺在器物表面的话，可以盖满3尺见方的面积哩。说到这，大家肯定就会很好奇了，这种金箔是怎么制作出来的呢？首先啊，要把金给捶成薄片，然后再包在乌金纸里，接着用力挥动铁锤就可以打成了。在陕西省中部，那里的人们还会制造皮金。这种皮金要先把用硝鞣制过的羊皮给拉到非常薄的状态，然后把金箔贴在皮上就完成了，通常是供给人们剪裁服饰的时候使用。这些器物和皮件都因为金子而显现出了辉煌夺目的美丽颜色。

捶打金箔 ○

知识加油站→

"金枝玉叶""金碧辉煌"这些包含黄金的成语，于无形中涉及了黄金工艺的一个特殊品种——"金箔"。金箔之所以出现，是因为古人发现了黄金具有良好的延展性和可塑性，于是经过千锤百炼的敲打，让1两黄金最终可以变为万分之一毫米厚、16.2平方米大小的金箔，相当于面积增长了近40倍呢。

带着银子去购物

提到银子，大家一定非常熟悉啦！作为我国古代的一种重要货币，银锭有着悠久的历史。银锭具备货币的职能始于汉代，在明代的时候达到兴盛，到了清代就开始作为主要的货币来流通啦。一直到1935年，我国才彻底舍弃银本位制度，白银也就正式退出货币体系了。

▶ 银子有多值钱

想要搞清楚1两银子的真正价值，就需要分不同的历史阶段来探讨这一问题啦！因为各个朝代的银两货币价值都是有所不同的。既然如此，可以按照货币等值参照的方式，将银两货币的价值进行换算了。对于自古以来就是农业大国的中国而言，大米是千年不变、必不可少的民生商品，所以咱们接下来就把大米当作参照商品，从而得出几个具有代表性时代的银子价格。

在唐宋以前，由于白银并不是普遍流通的货币，所以计算在此之前的银两价值，是没有什么意义的。根据史书记载，一直到唐朝贞观年间的时候，银子才逐渐进入到流通货币的舞台，当时的一两银子大约可以买到200斗米，由于10斗米为1石，1石等于现在的59千克，也就是说，1两银子大约可以买现在的1180千克大米呢。而在当今社会，假设平均米价基本上维持在每千克3.5元左右，由此可以推算得知，唐朝初年的1两银子，大约相当于4130元人民币哩。

　　再来说说宋朝。从史书中可以大致推测，那时候的米价大概维持在1石米300～600钱，那么1两银子就可以买到4～8石的大米。因为宋朝1石大米的重量约合66千克，所以1两银子的购买力，大约在924～1848元。

　　明朝年间，1两银子的价值就开始大打折扣啦。根据明朝万历年间的资料显示，当时的1两银子可以购买2石大米，1石大米的重量大约为94.4千克，也就是说1两银子可以购买188.8千克的大米。假如大米的平均价格仍然取每千克3.5元，也就是说，明朝1两银子的购买力，相当于现在的660.8元，比起唐代那可是贬值了不少呢。

　　清朝年间的银两价值相较于明朝就更低了。由于清朝晚期大量海外银两涌入我国，导致银两的价值大幅度贬值，1两银子的购买力仅为明朝1两银子的三分之一呢。

▶ 怎样购物？

　　虽然说银锭作为货币被使用的频率并不高，但它在百姓生活中的作用也是不可忽视的呢！在明清时期，人们在日常的小生意往来里虽然不会用银锭，但也都会用碎银进行交易。这些零碎的银子就成了流通中的主要货币，并且基本形成了大额交易用银，小额交易用铜钱和碎银并行的货币制度。

► 如何炼银?

寻找矿苗

银矿埋藏得很深,而且像树枝那样有主干、枝干。采矿的人经常要挖土一二十丈深才能找到矿脉。找到矿苗以后,才能知道银矿的具体位置。然后采矿的工人会跟踪银矿苗分成几路横挖找矿,他们提着灯笼分头挖掘,一直到取得矿砂为止。

辨伪识真

在土里的银矿苗,有的掺杂着一些黄色碎石,有的在土隙石缝中出现乱丝的形状,这都表明银矿就在附近。银矿石中,含银较多的成块矿石叫作礁,细碎的叫作

寻找银矿示意图 ○

砂，其表面分布成树枝状的叫作铆，外面包裹着的石块叫作围岩。围岩大的像斗，小的像拳头，都是可以抛弃的废物。礁砂形状像煤炭，品质分几个等级。矿砂品质高的每斗可以炼出纯银六七两，中等的矿砂可以炼出纯银三四两，最差的可以炼出的纯银只有一二两。

加工提炼

　　刚出土的矿砂用斗量过之后，再交给冶工去炼。礁砂在入炉之前，先要进行手选、淘洗。炼银的炉子是用土筑成的，土墩高5尺左右，炉子底下铺上瓷片和炭灰之类的东西。靠近炉旁还要砌一道砖墙，再把风箱安装在墙背上，由两三个人拉动鼓风。靠这一道砖墙来隔热，拉风箱的人才能有立身之地。等到炉里的炭烧完时，

熔焦结银与铅示意图 ○

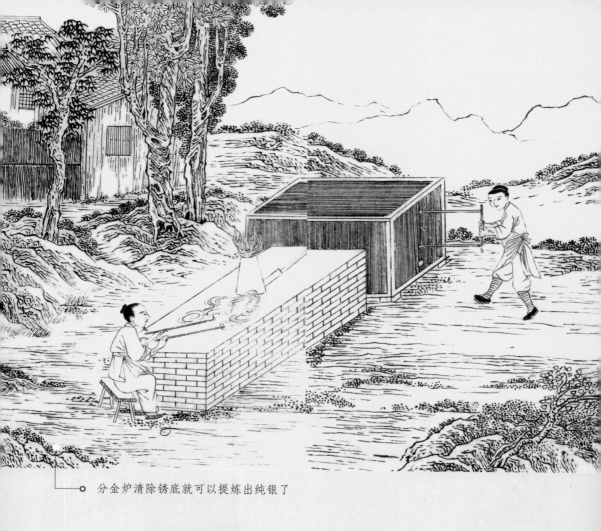

分金炉清除锈底就可以提炼出纯银了

就用长铁叉陆续添加。如果火力够了，炉里的矿石就会熔化成团，待冷却后取出，放入另一个名叫分金炉的炉子里，用松木炭围住熔团，工人会透过一个小门辨别火色。可以用风箱鼓风，也可以用扇子来回扇，当达到一定的温度时，熔团会重新熔化，铅就沉到炉底。如果铅全部被氧化成氧化铅，就可以提炼出纯银来了。

今许铅锡和青铜

"往日用钱捉私铸，今许铅锡和青铜。"这句诗出自杜甫的《岁晏行》，说的是古时候青铜与铸钱有关。

青铜器主要指我国自夏代末期至秦汉时期用铜、锡经烧制、锻造后所形成的各种器物。我国古代的青铜时代开始于约公元前2000年，历经夏、商、西周、春秋、战国和秦汉，有将近20个世纪呢。青铜文明可是我国文化的重要组成部分，具有重要的历史价值和观赏价值。

▶ "源"来如此

铜文化在世界各地区都有发展，这主要是因为青铜作为工具和器皿的原料有着它独特的优越性。事实上，自然界早就存在着天然的纯铜块，也就是古人所说的红铜，所以铜也可以说是人类较早认识的金属之一了。不过，红铜的硬度比较低，不适于制作为生产工具，所以在古人的生产中发挥的作用并不大。后来，人们又发现了锡矿石，并学会了提炼锡。在此基础上，人们认识到：添加了锡的铜（即青铜）会比纯铜的硬度更大，而且经锤炼后，硬度还可以进一步提高呢。青铜就这样逐渐被人们在生活中应用起来啦！

► 密不可分

青铜器在古代被应用的时间可以说是非常早了，据说早在上古黄帝时代，人们就已经开始在首山采铜铸鼎了呢，可见冶铸铜器的历史也是渊源已久了，并且随着时代的发展在古人的生活中越来越普及。现在呀，我们就一起了解一下古人们日常生活中最为常见的几类青铜器。

三足"鼎"立

鼎是我国青铜文化的代表，在古代被视为立国之重器，是国家和权力的象征。然而，最初的鼎却是由远古时期陶制的食具演变而来的，即是由釜、陶支脚和灶组合而成

→ 知识链接

"三足鼎立"这个成语既描绘了鼎的外形轮廓，也形容了其稳固、坚定的结构特征。而科学证明啊，三角形是最稳固的一种图形，因为它的每一条边都只对应一个角，并且边的长度决定了角的大小。这个性质就叫作三角形的稳定性。其实古人很早就发现了这个原理，因此他们利用三角形的特性创造了许多宏伟的建筑，比如埃及的金字塔、巴黎的埃菲尔铁塔，以及一些屋顶的结构，等等。

这只西周三足鼎距今有近3000年的历史，它是青铜质地，表面刻满了饕餮纹，器制沉雄厚实，纹饰狞厉神秘

的，主要用途是烹煮肉和盛贮食物。鼎的3条腿便是灶口和支架，腹下烧火，可以熬煮油烹食物。自从青铜鼎出现后，它又多了一项功能，成为祭祀神灵的一种重要礼器，逐渐成了王权的象征、国家的重宝。到了秦代以后，鼎的王权象征意义就逐渐失去了。

"钟"鼓齐鸣

钟在古代不仅是乐器，还是象征地位和权力的礼器哩。王公贵族在朝聘、祭祀等各种仪典、宴飨与日常的宴乐中，都会广泛使用钟乐。编钟可以说是我国古代青铜钟乐器的代表了。编钟兴起于西周，盛于春秋战国直至秦汉。编钟一般用青铜铸成，由大小不同的扁圆钟按照音调高低的次序排列起来，悬挂在一个巨大的钟架上，用丁字形的木槌和长形的棒分别敲打铜钟，能发出不同的乐音。因为每个钟的音调不同，所以人们按照音谱敲打的话，就可以演奏出美妙的乐曲。

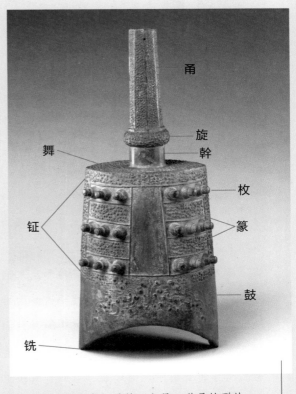

甬

旋
幹

舞

枚

钲

篆

鼓

铣

这是东周时期的青铜甬钟，它是一种悬挂型的打击礼乐器，属于编钟的一种。钟体上凸起的"枚"可以让甬钟的音色和音响更加突出

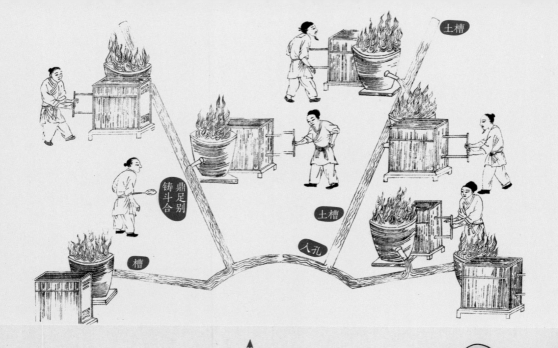

土槽

铸鼎足别

土槽

人孔

槽

你知道吗?

　　古人铸造万斤以上大钟的方法和铸鼎一样，先挖一个一丈多深的地坑，将石灰、细砂和黏土调和成的土作为内模的塑形材料，等干燥后就用牛油加黄蜡在上面涂约有几寸厚。将表面抹光后，就可以刻上各种所需的文字和图案，再用舂碎和筛选过的极细泥粉和炭末调成糊状，逐层涂铺在油蜡上约有几寸厚。等到外模的里外都自然干透坚固后，便在上面用慢火烤炙，使里面的油蜡熔化而从模型的开口处流干净。待油蜡流净以后，在钟模的周围修筑好几个熔炉和泥槽，槽的上端同炉的出口连接，下端倾斜接到模的浇口上，槽的两旁还要用炭火围起来。当所有熔炉里的铜都已经熔化时，就一齐打开出口的塞子，铜溶液就会像流水那样沿着泥槽注入模内。这样钟或鼎便铸成功了。

明"镜"高悬

铜镜最早出现在商代,最初多为祭祀的礼器。在春秋战国至秦朝时期,一般都是王和贵族才能享用的。直到西汉末期,铜镜才慢慢地进入百姓的生活,成为人们不可缺少的日常生活用具,而且铜镜还是古代女子出嫁时必不可少的嫁妆呢。

知识加油站→

古代的铜镜大多数是以水银来覆盖的,并且在经过专业的打磨及抛光之后,外形上看起来就与我们现在的玻璃镜子并没有什么太大的差别。古代的镜子虽然一开始可以非常清晰地看到人的影子,但是表面的水银会随着时间的流逝而渐渐地挥发掉,不久之后就会露出铜镜里的铜面,所以就需要不断地打磨。因此,在古时候还有靠专门给大家磨镜子赚钱的一种人,他们被称作磨镜匠。但是,因为他们常年要接触水银,所以其身体也会受到不小的伤害。

从西汉末期铜镜逐渐走向民间,成为人们不可或缺的生活用具。铜镜虽好却也需要时常打磨,于是磨镜匠这个职业应运而生

这只唐朝的"双凤上圆下方青铜葵花镜"距今已有1400

多年的历史了，它的直径有22.5厘米，总重量约1.5千克。

这面镜子包含了我们中国人对宇宙的原始认知：上面的大圆

象征着天空，下面的正方形代表了大地，左右两侧的凤凰是

我国远古神话中的神鸟，寓意吉祥和谐，这面镜子上的铭文

大意是：上圆下方，这是天地的象征；中间是八卦，象征阴

阳的力量；日月星辰是善良而明亮的；大地中央的山脉象征了

高贵，环绕它的是4条代表其身份的河流。

双凤上圆下方
青铜葵花镜

古代铜镜除了高超的艺术性外，还有着浓厚的神秘色彩哩。古人常常会用镜子来
预卜吉凶呢。由此可见，铜镜的背后也是有着独特的历史文化底蕴的。

腰缠万"贯"

古代的制钱通常会用绳子穿上，每1000个制钱
叫作1贯，因此"贯"也代表了钱。

秦汉以后出现了各类方孔圆钱，这种钱大多用
铜铸造而成，并且一直到清末民初还一直被人们使
用着呢。根据历史资料的记载，春秋战国时期，随
着商品经济的发展，原先广泛流行的在流通中需要
分割和鉴定成色的金属称量货币逐步不适应当时的
市场，而逐渐被铜这类金属铸币所取代。

清代乾隆年间的一串铜钱

从何而来

其实在这种"圆形方孔"的钱出现以前，我国古代初期的货币，外形和除草用的铲极为相似，因为它本身就是由铲形的锄草农具"镈（bó）"演变而来的。再往后发展，币的上首虽然仍旧是空圆形状的，但变得比较长了，整个币形看起来就小而薄，用这样的货币来兼作农具的话，显然是不行的了，于是这些币便成了名副其实的货币，人们把这种货币称为"空首币"。到了战国时期，货币发生了突变，由空首币变成了扁平的实体，形体也变得越来越小，货币上的文字大多为铸币的地名，书法也从金文发展成为了小篆，人们把这种货币叫作"平首币"。

魏国"镈币"，时间大约在公元前481—公元前221年

小孔里的秘密

那么，古人铸造货币的时候为什么要用"圆形方孔"的形制呢？据说啊，铜钱的这种造型主要是由当时制造铜钱的方法所决定的。因为过去是通过熔铸的方式来制造铜钱的，结果制造出来的铜钱轮廓总是会不整齐。为了使铜钱的周边能够齐整，人们就必须要用锉刀来修锉。然而，一枚一枚铜钱进行修锉是很费工时的，所以人们就在铜钱的当中开了一个孔，然后将一百来个铜钱穿在一根棍子上，这样就可以一次锉成很多了。但是还有一个问题，那就是如果当中的孔是圆形的话，铜钱会来回转动，就不好锉了。因此，工匠们就把中间的孔开成方形的，再穿进一根方棍来进行修锉，这样问题就解决了。

→ **知识链接**

　　我国古代的青铜器包括炊器、食器、酒器、水器、乐器、车马饰、铜镜、带钩、兵器、工具、度量衡器等，就其使用规模、铸造工艺、造型艺术及品种而言，世界上还没有哪个地方的铜器可以与中国的铜器相媲美。其实，青铜器本来是黄色的，光彩照人，非常好看，只是后来因为被埋在土里生锈，才变成了我们现在所见到的绿色。下面的3种青铜器，你能猜出来是做什么用的吗？（答案在第34页。）

斝（jiǎ）　　　　　笾（biān）　　　　　簋（guǐ）

钢铁是怎样炼成的

▶ 找矿

　　全国各地都有铁矿，而且大多是浅藏在地面以下而不是深埋在洞穴里。铁矿多在平原和丘陵地带，而不在高山峻岭上。铁矿石有土块状的"土锭铁"和碎砂状的

"砂铁"等好几种，我国西北的甘肃和东南的福建泉州都盛产"土锭铁"，而北京、河北遵化和山西临汾是"砂铁"的主要产地。如果要进行冶炼，可以把浮在土壤表面上的这些铁矿石拾起来，或者是在下雨地湿时，用牛犁耕浅土，把那些埋在土里几寸深的铁矿石都找出来。至于"砂铁"，一挖开表土层就可以找到，把它取出来后进行淘洗，再入炉冶炼，这样炼出来的铁跟来自"土锭铁"的品质完全一样。

淘洗铁砂

▶ 砌炉

炼铁炉用掺了盐的泥砌成，这种炉子在修砌的时候大多会依傍着山洞，也有些是用大根的木头围成框的。用盐泥塑造出这样的一个炉子非得花上个把月不可，不能轻率贪快。因为盐泥一旦出现裂缝，那就前功尽弃了。炼铁的燃料主要是硬木柴、煤或者木炭，一般是就地取材，有啥用啥。鼓风的风箱要由4个人或者6个人一起推拉。铁矿石化成了铁水之后，就会从炼铁炉的腰孔中流出来，这个孔要事先用泥塞住。出铁之后，要立即用叉拨泥把孔塞住，然后再鼓风熔炼。

▶ 生熟

铁分为生铁和熟铁两种，其中已经出炉但是还没有炒过的是生铁，炒过以后便成了熟铁。把生铁和熟铁混合熔炼就形成了钢。

如果是造生铁，就让铁水注入条形或者圆形的铸模里。如果是造熟铁，便在离炉子几尺远而又低几寸的地方筑一口方塘，四周砌上矮墙。让铁水流入塘内，几个人拿着柳木棍，站在矮墙上。事先将污潮泥晒干，舂成粉，再过筛成像面粉一样的细末。一个人迅速把泥粉均匀地撒播在铁水上面，另外几个人就用柳棍猛烈搅拌，这样很快就炒成熟铁了。炒过以后，稍微冷却，一些人就在塘里将其划成方块，另一些人则拿出来锤打成圆块，然后出售。

冶炼生铁和熟铁示意图

生铁

熟铁

▶ 百炼成钢

炼钢的方法是先将熟铁打成约有一寸半长，像指头一般宽的薄片，然后把薄片包扎紧，将生铁放在扎紧的熟铁片上面，再盖上破草鞋（要沾有泥土的，才不会被立即烧毁），在熟铁片底下还要涂上泥浆。接着投进洪炉里进行鼓风熔炼，达到一定的温度时，生铁会先熔化而渗到熟铁里，两者相互融合。将其取出来后进行敲打，再熔炼再敲打，如此反复进行多次。这样锤炼出来的钢，俗名叫作团钢，也叫作灌钢。

▶ 趁热打铁

铁制器具是由生铁炼成的熟铁做成的。打铁前需要先将铁铸成砧，作为承受敲打的垫座。俗话说得好"万器以钳为祖"，这并非没有根据。刚出炉的熟铁叫作毛铁，锻打时有一部分就会变成铁花和氧化铁皮而耗损三成；已经成为废品而还没锈烂的铁

难以置信！ →

铁花，又名铁落、铁屑、铁蛾等，是生铁在煅烧至红赤、外层氧化时被锤落的铁屑。它还是一味中药，在中医医典中有记载，此物具有平肝镇惊、解毒敛疮、补血的功效，主治癫狂、心悸易惊、风湿痹痛、疮疡肿毒，以及贫血。

铁花

器叫作劳铁，用它做成别的或者原样的铁器，锤锻时只会耗损十分之一。熔铁炉中所用的炭，其煤炭约占十分之七，木炭约占十分之三。山区没有煤的地方，锻工便会选用坚硬的木条烧成坚炭（俗名叫作火矢，它燃烧时不会变为碎末而堵塞通风口），其烧出的火焰比煤的更加猛烈。煤炭当中有一种叫作铁炭的，特点是燃烧起来火焰并不明显但是温度很高，它与通常烧饭所用的煤形状相似，但是用途不同。

　　把铁逐节接合起来，要在接口处涂上黄泥，烧红后立即将它们锤合，这时泥渣就会全部飞掉。锤合之后，要不是烧红了再砍开的话，它是不会轻易折断的。

这幅图中隐藏着一个铁匠铺呢，你能找到它吗

古人捶打铁锚示意图

　　熟铁或者钢铁烧红锤锻之后，由于水火还未完全配合起来且相互作用，质地就还不够坚韧。要趁它们刚出炉时将其放进清水里淬（cuì）火，这便是人们所说的"健钢"或者"健铁"。也就是说，钢铁在淬火之前，性质上还是软弱的，只有经过淬火磨砺方成其坚。

锡倚山根重藓破

　　提到锡，大家可能会有些陌生，这种金属到底是用来干什么的？在古人的生活中又扮演了什么样的角色呢？其实啊，锡和铜一样，在很早的时候就已经被我们的祖先利用起来啦，只是铜的利用要比锡的利用更早一些而已，这很可能是由于在自然界中存在自然铜而几乎不存在自然锡。

○ 山锡　　　　　　　　○ 水锡　　　　　　　　○ 炼锡

▶最早的"合金"

　　最初，古人由于对锡和铅这两种金属的认识不够充分，所以往往是铅锡不辨而混为一谈。到了商代，这种情况有所改变，那时候人们已经能够辨别锡和铅而分别冶炼了，所以才会在商代的青铜器里发现含有锡的"合金"，这也说明锡是青铜器的组合成分之一哩。

知识链接→

　　锡贵为"五金"之一，早在远古时代便被人们开发利用了，这应该缘于它很容易被得到。锡有以下特性：①锡在自然界中很少成游离状态存在，因此就很少有纯净的金属锡。②熔点低，只有232℃，远低于其他4种金属。炼锡比炼铜、铁都容易，只要把锡石与木炭放在一起烧，锡便会从锡石中被还原出来。因此，锡很早就被人们发现了。③柔软，用小刀就能切开它。④化学性质稳定，抗氧化性强。大家所熟知的"马口铁"就是在铁皮的外边镀上一层锡，以防止铁皮生锈。⑤无毒且在常温下具有延展性，因此铜锅的内壁、牙膏壳的里侧，以及香烟、糖果的包装纸也都会用到锡。⑥怕冷又怕热。锡在温度下降到13.2℃以下时会逐渐变成粉末，而当温度达到161℃以上时又变得一敲即碎。

周朝时，朝廷就开始设置专门经营管理锡业的机构了。毕竟，先秦时期就已经处于青铜时代了呢。在当时，礼器和兵器中都大量使用有锡青铜，当时锡的用量可以说是很大了，所以也就需要设置专门的机构来统一管理啦。到了秦汉以后，虽然青铜已经被铁器代替，但锡的产量仍然在增长，其产地主要分布在南方。其中，西南地区就是锡的主要产地之一。

○— 藏在画里的古代锡器店

▶ 聪明的发现

古时候，锡主要是用在钱币的生产制造上。但是，聪明的古人发现，如果在一些水质不好的地方的井底放上锡板，就能够对水质进行净化。另外，由于锡具有极佳的凉性和散热性，古人就利用它做成茶叶罐来储存茶叶，然后出口到日本和东南亚一带，使我国的"茶道"及锡制茶罐在这些国家盛行并流传至今。

洗尽"铅"华不染尘

说起铅啊，事实上，我国的铅矿资源还是非常丰富的，产铅的矿山也要比产铜和锡矿的矿山多很多呢。

▶ 藏在哪里

铅矿有3种：第一种是产白银铅矿，这种矿石在刚开始炼的时候会和银熔成一团，等到第二次熔炼的时候才会脱离银而沉底，所以也被叫作银铅矿了；第二种是夹杂在铜矿里，把它们放到炉子里冶炼的时候，铅就会比铜更先熔化而流出，所以将其命名为铜山铅；第三种则是纯铅矿了，这种矿主要出现在山洞中，通常情况下，采矿的人会凿开山石，然后点着油灯在山洞里寻找铅脉，找脉的过程往往是曲折的，全凭运气。

铅块示意图

挖取铜铅矿石
示意图

▶ 驻颜有术，美白靠"铅"

　　一般认为，铅的价值比较低，可是变化非常奇妙，比如说，白粉和黄丹就是铅变化的一种明显体现。此外，促使白银矿的"炉底"提炼精纯、使锡变得很柔软，都是铅起了作用。但是你可能不知道，在古代，铅还是最实惠、效果最佳的美容化妆品呢！

俗话说，"爱美之心人皆有之""一白遮三丑"。古人自然也很爱美白，而且为了追求美白效果，他们会想尽各种办法。除了内服外用药，最常用、见效最快的方式就是敷粉了。最开始的时候，人们敷的是米粉，但米粉容易滑落，颜色也偏暗，所以人们就想到了加入凝固的油脂来调和，做成面膏然后敷在脸上。但这样也不是十分好用，而且一般人也用不起。后来，"胡粉"的普及让越来越多的人享受到了美白的效果。

"胡粉"

"胡粉"也就是铅粉，据传是从西亚传过来的。它的颜色很白并且带有光泽，非常适合用来做化妆品，因此受到了古人广泛的欢迎。不过，铅作为重金属，长期接触皮肤的话，会渗入到血液里，并且还会在体内沉积，给人造成长期的伤害。明代的本草学著作《本草纲目》里就提到了铅粉的坏处，可见当时的医者还算是"人间清醒"，没有盲目从流，他们对于铅的毒害已经有所警觉。

▶ "铅"万小心

虽然古人知道铅有毒，但是对于它的毒性认知却是有误的。古人更倾向于认为，铅毒主要来自其提取过程中的火炼这一环节，属于"热毒"，其原因主要有两个：第一个，人们一旦长期使用"胡粉"，皮肤就会粗糙干裂，呈现出青色，看起来就会像是"燥热"迹

知识链接→

长期使用含铅量较高的化妆品可能会造成铅中毒，轻者表现为食欲不振、体重减轻、四肢无力、经常头晕、恶心呕吐、消化不良、失眠等，重者可能会导致明显的贫血、肝肾疾病、心血管器质性疾病，以及呼吸系统疾病等，甚至还会影响孩子的智力发育。

制取胡粉示意图

象了；第二个，铅渗入到血管里后，会使血液加速流动，也会让人产生发热的感觉。所以，为了给铅粉的"热毒"解毒，古人往往还要在铅粉中掺入米粉来中和。不过，由于米粉的颗粒很大、颜色也比较黯淡，在掺和后缺点也会更加突出了，所以人们还是会采用更加常用的办法也就是用火炼的方式消除残留的纯铅的含量，以此来给铅粉"解毒"。

"倭铅"不是铅

"倭铅"，我们现在称之为"锌"，它既是人体中非常重要的微量元素，也是现代工业中制造电池时不可或缺的金属原材料。锌的外观呈现银白色，硬度比铁还要稍软一些，具有抗氧化作用。锌在自然界中是无法单独存在的，往往是以硫化矿物或氧化矿物的形式出现。

▶ 险失之交臂

因为锌的沸点比较低，煅烧时轻易就能化作蒸气，随烟消散，所以才不易为古人所察觉。后来，聪明的古人掌握了冷凝气体技术后，单质锌才得以被取得。

▶ 终为我所得

《天工开物》里记载了世界上最早的关于炼锌的技术，虽然很短，但是无疑闪耀着我国古代科技智慧的光芒。

"倭铅"的主要产地是山西省的太行山一带，其次是湖北的荆州和湖南的衡州，它是由炉甘石熬炼而成的。古人熔炼"倭铅"的方法是：每次将10斤炉甘石装进一个泥罐里，在泥罐外面涂上泥进行封固，再将表面碾光滑，让它渐渐风干。千万不要用火去烤，以防泥罐开裂。然后用煤饼一层层地把装有炉甘石的罐垫起来，在下面铺柴引火烧红，最终泥罐里的炉甘石就能熔成一团了。等到泥罐冷却，将罐子敲碎后取出来的就是"倭铅"了，每10斤炉甘石大约会损耗2斤。但是，这种"倭铅"如果不和铜结合，一遇见火就会挥发成烟。

升炼"倭铅"示意图

趣味转移

我国是世界上最早使用纸币的国家。纸币的雏形大约始于唐代的"飞钱"，顾名思义，这样的钱虽然没有翅膀却可以"飞"。用钱的人仅凭一张"汇兑券"就可以到其他地方取出等额的钱来，而不必随身携带或者运输。但

○ 元代纸币

是，这种"飞钱"实际上只是一种票证，仅能凭票取钱，而不能作为真正的货币进行流通。北宋真宗时期试行使用纸币"交子"，南宋绍兴三十年（1160年），官府发行了"会子"，真正的纸币由此诞生并具备了流通功能。而将纸币作为主要流通货币来使用却始于元朝。元朝的商品经济十分繁荣，由此建立起了世界上最早的、较为完善的纸币流通制度。后来的明清两朝也都继承了纸币制度。

明代纸币

参考答案

斝：古代的一种饮酒器。

笾：古代祭祀宴飨时的一种礼器，用来盛放果实、干肉等。

簋：古代器皿，用来盛放煮熟的饭食。

珠宝

宋子曰："玉韫山辉，珠涵水媚，此理诚然乎哉，抑意逆之说也？大凡天地生物，光明者昏浊之反，滋润者枯涩之仇，贵在此则贱在彼矣。合浦、于阗行程相去二万里，珠雄于此，玉峙于彼，无胫而来，以宠爱人寰之中，而辉煌廊庙之上，使中华无端宝藏折节而推上坐焉。岂中国辉山、媚水者，萃在人身，而天地菁华止有此数哉？"

珍珠索得龙宫贫

　　珍珠历来具有瑰丽的色彩和高雅的气质，象征着健康、纯洁、富有和幸福，自古以来为人们所喜爱。事实上，早在远古时期，原始人类在海边觅食的时候，就已经发现具有彩色晕光的洁白珍珠了，并被它的晶莹瑰丽所吸引，从那时起珍珠就成了人们喜爱的饰物。同学们，接下来宋老师就和大家聊一聊珍珠的话题。

→ 难以置信！

　　天然珍珠属于有机宝石。有机宝石是由生物（包括动物和植物）衍生的。天然有机宝石有珍珠、珊瑚、琥珀、煤玉、象牙、砗磲（chē qú）、龟甲，以及桫椤（读suō luó，一种远古蕨类植物）化石玉、动物的化石等。

　　《韩非子·外储说左上·说一》中有个故事，说有个楚国人把珍珠装在木匣子里，到郑国去卖。有个郑国人认为匣子漂亮，就买下木匣，把珍珠退给了卖主。这就是我们常说的成语"买椟还珠"的由来，比喻取舍不当，抓了次要的，丢了主要的。

图中的女子头戴卷檐式朝冠，上面缀饰着"东珠"和大量的珍珠，而最顶上衔着的那颗"东珠"真是超级大呢，以彰显其身份并显现皇家的权威。所谓"东珠"，指的是产于我国东北的松花江、黑龙江、乌苏里江、鸭绿江及其流域的珍珠，因其颗粒大且光润，而极为名贵。清朝的统治者把"东珠"视为珍宝，只能镶嵌在皇室的冠服饰物上，而且镶嵌的数量有着极其严格的等级划分哩

▶ 鲛人之泪

在民间传说中，珍珠是来自海洋的神物，被古人誉为"鲛人的眼泪"哩。相传，南海有鲛人（也就是我们常说的"美人鱼"），像鱼一样在大海中生活，当他们悲伤哭泣时，滚落的眼泪就会变成美丽的珍珠。我国唐代著名诗人李商隐还根据这个传说，并结合了珍珠的圆润与月亮的盈亏关系，写下了"沧海月明珠有泪"的动人诗篇哩。

《山海经》里描绘的鲛人形象

▶ 蚌病成珠

那么，珍珠是怎么形成的呢？简单说，就是有异物进入贝、蚌等动物体内后，被珍珠质包裹，层数越来越多，就慢慢形成了珍珠。通常情况下，珍珠大多是出产自蚌的腹内，映照着月光而逐渐孕育成形的，其中年限最为长久的，也就成为最贵重的宝物了。不过，除了常见的蚌以外，还有传说蛇的腹内、龙的下颌及鲨鱼的皮中也有珍珠，但这些说法都是不可信的哩。

知识加油站→

"颔下之珠"出自《庄子·列御寇》中的"夫千金之珠，必在九重之渊而骊龙颔下"。意为骊龙（黑龙）下巴下的珍珠，比喻难得的珍品。

从蚌中孕育而出珍珠，可以说是一个从无到有的过程了。其他形体小的水生动物，大多因为天敌太多而被吞噬掉了，所以寿命都不长。而蚌因为有着坚硬的外壳包裹，天敌没有空子可以钻，所以即使是被吞咽到肚子里，也是囫囵吞枣而不容易被消化掉，蚌的寿命也因此变得很长，也就能够产出珍珠这种无价之宝啦。

▶ 探骊得珠

我国古代的珍珠主要集中在广东的雷州和广西的合浦（廉州）这两个地方。这些地方的水上居民一般会在每年的三月间下水采集珍珠，每逢这个时候，他们还会宰杀牲畜来祭祀，非常的虔诚和恭敬。

> **知识加油站→**
>
> 珍珠生长在水里，自然要到水里去找。如果偏要到山上去采珍珠，那就在方向和方法上出现了错误，一定不会达到目的。有个成语"升山采珠"就是专门形容这种做法的，它与"缘木求鱼"表达的意思相近。

古时候的采珠船上备有草垫子，遇到漩涡的时候就扔下去，让船顺利通过

采珠人腰上系着长绳下海采珠

　　采珠的船会比其他的船宽和圆一些，船上装载有许多的草垫子。每当经过有漩涡的海面时，人们就把草垫子给抛下去，这样船就能安全地驶过了。

　　采珠人在船上先用一条长绳绑住腰部，然后再带着篮子潜入到水里去。潜水之前，还要用一种锡做的弯环空管将口鼻给罩住，并将罩子的软皮带包缠在耳项之间，以便于呼吸。采珠人遇到蚌的时候就把它们捡到篮子里，一旦呼吸困难就摇绳子，船上的人就会赶快把他拉上来，不过也有一些命薄的人会葬身鱼腹哩。潜水的人在出水之后，要立即用煮热了的毛皮织物覆盖身体，因为如果太迟的话，人就会被冻死啦。

在宋朝，有一位姓李的官员还发明了一种网兜，以便于采珠呢。他先是想办法做了一种齿耙形状的铁器，并在这种铁器的底部横放上一根木棍，用来封住网口，再在两角坠上石头作为沉子来沉底，然后在四周围上如同布袋子的麻绳网兜，将牵绳绑缚在船的两侧，借着风力张开风帆，接着就可以兜取珠贝了。当然，这种采珠的办法也会有漂失和沉没的危险。不过，只要是采珠，又怎么会没有风险呢？

网兜采珠

▶ 七珠八宝

　　珍珠的大小直接关系到它的价值。同等品质下，越大的珍珠就越珍贵，故有"七分珠、八分宝"之说，也就是说珍珠达到8分重就可以称为宝了。

　　珍珠在蚌的腹内生长，就像是玉在璞里面发育一样，最开始的时候，人们还是分辨不出贵贱的，一直要等到剖取之后，才能分辨成色哩。一般来说，直径为16～50毫米的就算是大珠了。其中有一种大珠，不是很圆，看起来就像是个倒扣的锅一样，一边的光彩略微像镀了金似的，被人们叫作珰珠，也叫夜光珠。这种珍珠最珍贵，每一颗都价值千金呢。其次就是走珠了，这

知识链接→

　　"分"是古代的一种重量单位，通常情况下，"1分"约合现在的3克重，如果是圆形的珍珠，直径差不多有9毫米了。

　　南朝宋人沈怀远曾经在《南越志》中记载："珠有九品。大五分以上至一寸八分，分为八品。有光彩，一边小平，似覆釜者，名珰珠；珰珠之次为走珠；走珠之次为滑珠；滑珠之次为磊砢珠；磊砢珠之次为官两珠；官两珠之次为税珠；税珠之次为荟符珠。"

种珍珠只要放在平底的盘子里，就会滚动个不停，价值是与珰珠差不多的。最后就是螺蚵珠、官雨珠、税珠、葱符珠等，这些珍珠中，粒小的珠就像小米粒儿，普通的珠则像豌豆。低劣而破碎的珠被叫作玑。从夜光珠到碎玑，珍珠的品级就这样一级一级地划分出来了。

▶ 合浦还珠

一般来说，珍珠的自然产量是有限度的，不能过度采集，如果采得太频繁的话，珠的产量就跟不上了，甚至会枯竭。相应地，如果几十年不采，蚌就可以安身繁殖后代，孕珠也就多啦。古代人所说的"珠去而复还"，其实就是珍珠固有的消长规律呢，并不是真有什么"清官"感召之类的神迹哩。

月梢颔吐夜明珠

在古时候，"夜明珠"可以说是相当稀有的宝物了，它还有着"随珠""悬珠""垂棘""夜光石""放光石""明月珠"等称呼。常见的"夜明珠"有黄绿、浅蓝、橙红等颜色，如果把这种荧光石放到白色的荧光灯下照一照的话，它还会发出美丽的荧光呢，在夜里尤其明显。

其实啊，用现在的眼光来看，"夜明珠"是算不上宝石的。通常情况下，人们所说的"夜明珠"其实就是荧光石或者夜光石。含有发光元素的石头，在经过加工以后就能成为人们所说的"夜明珠"。所以，它的价值也根本无法与单晶体的钻石、红宝石、蓝宝石、祖母绿、翡翠等相比。

古代的珠宝玉石售卖店。宋老师这里想告诉大家，珠玉虽然珍贵，但它们只是有钱人的赏玩物件，与民生无关紧要，远不如让老百姓吃饱穿暖的事重要

古人之所以对"夜明珠"有那么强烈的神秘感，一方面是由于古书上有很多关于"夜明珠"的传奇记载；另一方面，还是由于它"会发光"，毕竟在科技尚不发达的古代，光可是一种非常重要的东西呢。"夜明珠"凭借着它独特的光亮，作为美丽、高贵及神秘的文化象征，在我国历史中已经形成独特的文化。

蓝田日暖玉生烟

在我们华夏几千年的文化里，玉文化可以说是非常博大精深了。事实上，玉早在原始社会时期就被人们视为无比神圣的东西。后来，更是被视为王权的象征。到了现在，人们在心灵深处对于玉依旧充满着崇敬和喜爱。所以说，在当今世界，除了我们中国人之外，恐怕很难再找到一个民族对于玉有这样的情愫了呢。

玉既然在我国受到如此的重视，那么我们对它又知道多少呢？接下来，宋老师就为大家讲解一下吧。

▶ 玉器七千陈湛露

玉器就是用天然的玉石加工制成的器物。我国早在8000多年前就有了玉器，并且不间断地延续到现在。

玉器自史前出现起，就已经是最高规格的器物了，它主要被用在礼器和配饰上。比如，作为古代帝王、诸侯朝聘、祭祀与丧葬时所用的玉制礼器圭，就是一种祥瑞的玉器。除此之外，还有作为天子祭天时用器的

龙首沟纹环，春秋战国时期的文物，距今已有2300年左右的历史

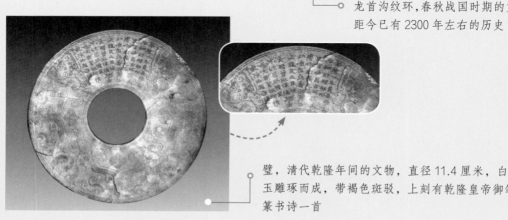

璧，清代乾隆年间的文物，直径11.4厘米，白玉雕琢而成，带褐色斑驳，上刻有乾隆皇帝御笔篆书诗一首

044

璧，由古代帝王所执用来证明身份的瑁，用来召集人时所用的器物瑗（yuàn），用来祈雨水的玉器珑，用来祭地的玉琮（cóng），用于祭祀山川的璋（zhāng），以及佩在身上用来彰显身份的玉璲（suì）、玉佩和玉环，这些可都是古代重要的玉器呢。

商代玉琮，高 20.6 厘米，《周礼》中提到用琮来祭拜大地

古人认为，玉有仁、义、智、勇、洁 5 种高尚的品德，所以男子佩玉以提醒自己要加强个人的道德修养，约束自己的行为规范

▶ 冰清玉洁好风襟

古人为什么如此爱玉？首先，玉既是一种天然矿产，又是中药中的一种极具特色的组成部分。我国古代的医学经典中都有提到玉可以安魂魄、疏血脉、润心肺、明耳目、柔筋强骨。根据现代科学的测定，玉材本身就含有多种微量元素，如锌、铁、铜、锰等，它的疗效已经在外科中独占鳌头。

其次，古人佩戴玉不仅仅是表现外在的美，表现人的精神世界和自我修养的程度，同时还可以体现出人的身份、感情、风度，甚至带有语言交流的作用哩。在古代，君子是必定要佩玉的，这是因为君子一旦戴上玉，就可以时刻用玉的品性来要求自己，规范自己的道德，而且鸣玉的声音还可以及时提醒佩戴者警醒自身的身心言行呢。

▶ 秀玉自古出昆冈

古时候运到中原内地的玉，贵重的都出自西域，比如新疆的和田、吉木萨尔（古称别失八里）、帕米尔高原（古代也称葱岭）等地，盛产和田玉。从白雪皑皑的昆仑山（古称阿耨达山）的崇山峻岭中，蜿蜒曲折流淌出两条河流，在塔里木盆地交汇，形成和田河。这两条河流，一条叫作喀拉

白玉河也叫玉龙喀什河，因河中出羊脂玉而闻名。它发源于昆仑山北坡，全长 504 千米。白玉河自南向北流经和田绿洲，最后注入塔里木河

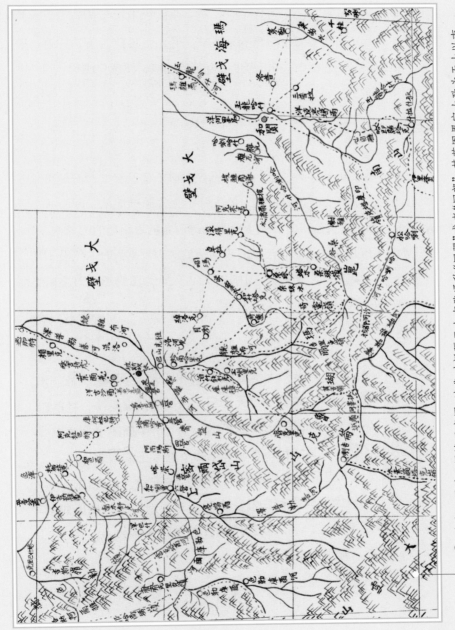

清代回疆采玉区域示意图。清代对新疆天山南路通称"回疆"或者"回部"，其范围界定大致为天山以南，昆仑山以北，玉门关、阳关以西，帕米尔高原以东。清光绪年间新疆建省，"回部"遂成为新疆省（现在的新疆维吾尔自治区）的一部分

喀什河（古称绿玉河或墨玉河，河中产绿玉），另一条叫作玉龙喀什河（古称白玉河，河中盛产白玉）。这两条河将珍贵的玉石从昆仑山上裹挟而下，其中，号称玉中极品的"和田籽料"就是经过和田河水亿万年的冲刷，浑然天成的。

▶ 踏水而知美玉藏

在古代，采玉人的生活十分艰苦呢。含玉的石头不是藏于深土，而是在靠近山间河源处的急流河水中激映而生。但采玉的人并不会去原产地采，因为河水流得太急，无从下手。等到夏天涨水时，山上含玉的碎石会随着湍急的河流冲至100里①或二三百里外的平缓地带，堆积在河滩或者河床处。等到秋天时，气温下降，河水也不那么湍急了，采玉人才会下到河中捞玉。古人认为玉是感受月之精华而

知识加油站 →

> 唐朝诗人李贺写过一首《老夫采玉歌》："采玉采玉须水碧，琢作步摇徒好色。老夫饥寒龙为愁，蓝溪水气无清白。夜雨冈头食蓁子，杜鹃口血老夫泪。蓝溪之水厌生人，身死千年恨溪水……"诗中描述了一位采玉的老汉忍受着饥寒之苦，日复一日冒着生命危险下河采玉的艰辛。

> "连城之璧"：《史记·廉颇蔺相如列传》中记载，公元前3世纪赵国赵惠文王得了一块宝玉叫作和氏璧，秦昭王听说后，表示愿以15座城换取此璧，故称连城之璧。后来就用价值连城形容贵重物品。璧，古代的一种玉器，圆形、扁平，中间有孔。

---

① 1里等于0.5千米。

生的，所以采玉的人沿河取石也多会选在秋天月朗风清的夜晚。他们会守在河边观察，通常含玉的石头堆聚的地方，那里的月光就显得倍加明亮。含玉的璞石随河水而流，免不了要夹杂些浅滩上的乱石，所以只有采出来经过辨认，而后才能知道哪些是玉、哪些是石头哩。

古人下河采玉示意图。古代采玉分为官采和民采，所谓官采，即采玉工人下河捞玉，所得玉石全部上交，归国家所有。官采之后才能民采，那时玉已所剩无几，采玉人全凭运气，获得一点儿玉石，用来换取生活物资。所以，元代马祖常才在诗中写道："采玉河边青石子，收来东国易桑麻。"

含玉的山石被洪水冲下了山，至平缓地带停留，形成玉泉，这就是将来采玉人捞玉的地方了

▶ 玉路修远以多艰

玉从西域或是乘船，或是乘骆驼，经庄浪卫（现在的甘肃永登县）被运入嘉峪关，而后到达甘州（现在的甘肃张掖市）、肃州（现在的甘肃酒泉市）。从内地来贩玉的人则在这里从互市上买到玉后，再向东运，一直会集到北京卸货。玉工在辨别玉石的等级而定价后便开始琢磨。良玉虽然集中于北京，但是琢玉的能工巧匠还要首推苏州的。

你知道吗？

嘉峪关位于河西走廊的中西结合部，它依山傍水，扼守着南北宽约15千米的峡谷地带。嘉峪关最初由明朝的宋国公、征虏大将军冯胜建于1372年，直到1540年才完工。嘉峪关东连酒泉、西接玉门、北靠黑山、南临祁连山，关外已属于荒漠地区。河西走廊夹于祁连山和北部群山之间，东西长约1000千米，古代"丝绸之路"穿行其间，道路艰险，到了嘉峪关的隘口处更为险厄。所以嘉峪关自建成后，就成为长城沿线重要的军事堡垒，其南部的讨赖河谷是关防的天然屏障，并与长城、城台、城壕、烽火台等设施构成了严密的防御体系，因此又被誉为"天下第一雄关"，它对保障明朝河西地区的安全发挥了极其重要的作用。

古代嘉峪关外地形示意图

打磨玉石示意图

▶ 剖玉成名颂义方

开始剖玉时，先用铁做个圆形的转盘，将水与砂放入盆内，然后用脚踏动圆盘旋转，再添砂剖玉，一点点把玉划断。剖玉所用的砂，出自顺天府玉田（现在的河北省玉田县）和真定府邢台（现在的河北省邢台市）两地。这种砂不是产于河

我是一只小香炉，来自清朝，镂玉裁冰、珠圆玉润。有人说我像一只呆萌呆萌的小胖鸟，我像吗？

中，而是从泉中流出的细如面粉的细沙，用它来磨玉不会损耗玉料。当玉石剖开后，再用一种利器"镔铁刀"施以精巧的工艺，才能制成玉器。镔铁也出自新疆哈密类似磨刀石的岩石中，剖开就能炼取。

▶ 砆碔混玉假乱真

琢磨玉器时剩下的碎玉，可用来制作钿花。碎不堪用的就碾成粉，过筛后与灰混合来涂琴瑟，由此使琴有玉器的音色。在雕刻玉器时，假使细微的地方难以下锥刀，就以蟾酥填画在玉上，再以刀刻。这种一物降一物的道理现在还难以弄清。有人若用砆碔（fū wǔ）冒充玉，有如以锡冒充银，很容易辨别。但是有

玉石得来非常的不容易，所以加工后剩下的碎玉最好也不要丢弃，可以把它们加工成钿花等，使之做到物尽其用才好呢

人将上等的白瓷器捣得极碎，再用白蔹（liǎn）等汁液粘合成器物，干燥后也有发光的玉色，这种作伪的方法最为巧妙。

虾醉殷红玛瑙钩

　　玛瑙在我国很多地方都有生产。在古代，玛瑙大多被人们拿来装饰发髻上别的簪子或者衣扣之类的物品，还有就是当作棋子以供娱乐之用，更大一些的玛瑙甚至被用来制作屏风和桌面呢。

玛瑙

▶ 玛瑙的时间简史

　　玛瑙的应用最早可以追溯到新石器时代晚期。西周时期，贵族用玛瑙管珠串连成佩饰。春秋战国时，还有了玛瑙串饰。到了两汉魏晋时期，人们用玛瑙制成带钩、襟钩，还有的装饰在剑鞘上呢。唐代时，玛瑙一直作为玉石，主要用来制作实用器具和珠饰，而且在与西域的沟通和交流中，玛瑙的设计还融合了东西方的艺术风格。宋辽时期，玛瑙的地位有所提高，《太平御览》中的珍宝部就汇总了各种关于玛瑙的历代文献记载呢。到了元朝，无论是玛瑙的制作工艺还是题材都有了长足发展，并出现了玛瑙巧色雕刻的工艺形式。明朝时，对于玉石的赏玩趋于专业化，许多文人雅士和琢玉的能工巧匠都参与了玛瑙工艺的创新。清中期，全国流行起了佩玉的风尚，玛瑙也被大量用来制作成装饰品，如摆件、鼻烟花、手串和衣服鞋帽的花片等。

清代的玛瑙酒杯，两边的手柄被雕刻成两条螭龙（中国上古神话传说中的龙子之一，没有角）的形状，所以又叫"玛瑙双螭杯"。它的直径有12.4厘米

▶ 有趣的鉴别方法

在科学尚未发达的古代，人们是如何辨别玛瑙的真伪的呢？其实，古人也有一种简便易行的方法，那就是用木头在玛瑙上摩擦，不发热的就是真品。更何况，玛瑙真品本身的价格并不是很贵，谁还有兴致去造假呢？

你知道吗？

玛瑙是由二氧化硅沉积而成的隐晶质石英的一种，颜色鲜艳漂亮。在我国古代，玉其实泛指所有外表美丽的石头，包括但不限于翡翠、琥珀、水晶、玛瑙、和田玉等。如何能简单地区分玉和玛瑙呢？

看质地：玛瑙属于未长成玉的晶体矿物，透光性较好，颗粒细腻。玉属于成型的矿物，透光性差，易雕琢。

看纹路颜色：玛瑙的颜色艳丽、条带明显、分布均匀，切开可以看到由不同颜色组成的同心圆状、波纹状、层状或平行条带状纹路。玉很少有纹理，颜色组成比较简单，同一块玉石中只有一种或两种颜色。

水晶映物随颜色

作为地球上丰富的矿物之一，水晶可以说是相当出名了。在我国，水晶的产地就主要集中在广西壮族自治区、湖南省、江苏省和海南省等地了。而江苏省东海县更是我国重要的水晶贸易集散地呢，那里水晶的产量能占到全国的二分之一，向来有着"中国水晶之都"的美称。

▶ 古人眼中的水晶

古人对水晶的称谓其实有很多哩。除了水精之外，还有水玉、水碧、玉瑛、晶玉、马牙石、眼镜石、千年冰、放光石等，每一种称谓都有一定的含意，也都有一定的道理呢。比如说"水玉"，意思是像水一样的玉；"马牙石"的名称也是和水晶的形状有关，因为完整的水晶晶簇看起来会像交错的马牙；先民们会用水晶磨成眼镜片，所以古人也就称水晶为"眼镜石"啦；广东一带的百姓则会称水晶为"晶玉"，意思为水晶是一种晶莹剔透的玉石；因为古人一直认为水晶是由千年的冰块演化而来，所以也称水晶为"千年冰"。

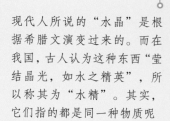

现代人所说的"水晶"是根据希腊文演变过来的。而在我国，古人认为这种东西"莹结晶光，如水之精英"，所以称其为"水精"。其实，它们指的都是同一种物质呢

▶ 晶莹剔透惹人爱

古人认为，水晶产于深山洞穴内有瀑布的石缝之中，瀑布昼夜不停地流过水晶，流出洞门200多米，水面还像煮滚的油珠一样。古人还认为，水晶在没有离开洞穴之前，像棉花一样软，见到风后才变得坚硬。水晶有治病的功效，明代医学家李时珍在《本草纲目》中就提到过，水晶能"熨目，除热泪"等，具有极其重要的医疗功能，可以说是非常神奇了。除此之外，在相当长的一段历史时期内，水晶作为玉材的一种被制成了环、管和珠等佩饰，以表示系佩人的身份地位。而从制作过程来看，水晶和玉器的碾琢工艺基本相同。

水晶凭借着它晶莹剔透的外观，给人以莹彻通透的美感，所以自古以来就受到人们深深的喜爱，留下了众多的艺术精品，并与中华文明史相伴始终。

知识链接→

水晶不仅有白水晶，还有粉水晶、绿水晶、黄水晶、红水晶、茶水晶、紫水晶、黑水晶、紫黄晶等，颜色多着呢。

清代的水晶"天鸡尊"，距今已有300多年的历史了。这种鸡背器皿形状的容器还是宋朝人的发明呢。而所谓"天鸡"是指我国古代神话中的一种鸟，传说它的啼叫声能够唤醒整个世界哩

　　清朝的乾隆皇帝对于玉是真的喜爱，他连给自己的儿子起名都离不开玉。乾隆一生有17个儿子，除了没起名字的3个儿子外，其余14个儿子的名字里都带有斜玉偏旁呢（一般以"王"字旁替代）。其中，皇长子名为永璜，后面依次为永琏、永璋、永珹、永琪、永瑢、永琮、永璇、未起名、未起名、永瑆、永瑾、永璟、永璐、颙琰（原名永琰，即后来的嘉庆皇帝）、未起名、永璘，都带有美好的文化内涵，也寄托了乾隆对众儿子的期待呢。

嘉庆帝肖像

陶瓷

宋子曰："水火既济而土合。万室之国，日勤千人而不足，民用亦繁矣哉。上栋下室以避风雨，而瓴建焉。王公设险以守其国，而城垣雉堞，寇来不可上矣。泥瓮坚而醴酒欲清，瓦登洁而醯醢以荐。商周之际，俎豆以木为之，毋亦质重之思耶。后世方土效灵，人工表异，陶成雅器，有素肌、玉骨之象焉。掩映几筵，文明可掬，岂终固哉？"

在早期的商周时代，礼器是用木制造的，主要是重视质朴庄重的意思。后来，人们在各个地方都发现了不同特点的陶土和瓷土，人工又创造出了各种各样的技巧奇艺，还制成了优美洁雅的陶瓷器皿，有的像绢似的白如肌肤，有的质地光滑如同玉石，摆设在桌子、茶几或宴席上交相辉映，所显现的色泽文雅，十分美观，简直让人爱不释手呢，由此可见中华艺术的美妙与精深。

揉黏土以造瓦

制瓦技术其实是从陶器的制作发展而来的。我国的陶器制作最早可以追溯至公元前5000年的仰韶文化时期，而瓦的发明可以说是西周时期（公元前1046—公元前771年）建筑领域的突出成就了，它让西周的建筑从"茅茨土阶"的简陋状态进入到了比较高级的阶段。

建屋上瓦示意图

▶ 长风吹林雨堕瓦

我国古代的瓦通常都是用泥土做成的，可以说是"就地取材"了呢。不过，造瓦所用到的泥土在质地上还是有要求的。一般来说，凡是和泥制造瓦片，都需要向下掘地两尺多深，从中选择不含沙子的黏土来进行加工。

人们建造民房所要用到的瓦都是4片合在一起而成型的。通常需要先用圆桶做成一个模型，再在圆桶的外壁画出4条界，然后把黏土踩和成熟泥，并将它堆成一定厚度的长方形泥墩。接着，用一个铁线制成的弦弓向泥墩平拉，割出来一片三分①厚的陶泥，像揭纸张那样把它揭起来，并将这块泥片包紧在圆桶的外壁上。等它稍干以后再把模子脱离出来，就会自然地裂成4片瓦坯了，是不是很神奇呀？一般来说，瓦的大小是比较自然，没有一定的规格的，不过屋顶上的水槽部分就需要大一些的瓦片了，必须要用被称为"沟瓦"的那种最大的瓦片，才能承受住连续持久的大雨而不会溢漏呢。

等到瓦坯造成并且干燥以后，堆砌到了窑洞里，就需要用柴火来烧了。有的只需要烧一昼夜就好，还有的则要烧上两昼夜，这是根据瓦窑里瓦坯

古人造瓦示意图

熟泥

铁线戛过

瓦模桶中有四界痕

瓦坯脱桶

---

① 1分约合3.333毫米。

的具体数量来确定的。停火后，人们就要立刻在窑顶浇水，这样才能使瓦片呈现出蓝黑色的光泽哩，浇水的方法和原理跟烧青砖差不多是一样的。根据形状和用途的不同，瓦片也有不同的种类，比如说，垂在檐端的瓦叫作"滴水"，用在屋脊两边的瓦叫作"云瓦"，覆盖屋脊的瓦就叫作"抱同瓦"。另外，装饰屋脊两头的各种陶鸟和陶兽，全是人工一片一片逐渐做好以后才放到窑里烧制而成的，不过用的水和火跟普通的瓦是一样的。

▶ 琉璃为殿月为灯

　　普通的陶瓦质地粗糙，吸水性强，容易漏雨。与之相比，琉璃瓦就要优越很多啦。琉璃瓦不仅色泽亮丽，而且顶上有釉的一面十分光滑、不吸

古人给砖瓦蘸水转釉窑上釉示意图

水，具有良好的防水性能，可以保护古代常见的木结构的房屋哩。

　　在制作方法上，琉璃瓦通常是用圆竹筒或者木块做成模型再逐片制作完成的。制作琉璃瓦所要用到的黏土通常是从安徽太平府（现在的安徽省当涂县）运来的，一般要用船运上3000里左右才能到达京都呢，既耗时耗力，工程还非常浩大。等到瓦坯造成以后，就可以将它们装入琉璃窑内进行烧制啦。一般来说，每烧100片琉璃瓦就要消耗掉2500千克左右的木柴呢。等到烧制成功以后，就需要把瓦片取出来涂上釉色，然后再用无名异（为氧化物类矿物软锰矿的矿石，颜色为黑色或深钢灰色，半金属光泽，不透明）和棕榈毛汁涂成绿色或青黑色，或者用赭石、松香及蒲草等涂成黄色来进行上色。接下来再把它们装到另一个窑里面，用相对比较低的窑温来烧制，就可以显现出有琉璃光泽的漂亮色彩啦。

知识加油站→

　　故宫又名紫禁城，为明成祖朱棣所建，屋顶皆用琉璃瓦覆盖。明代以前，屋顶琉璃瓦的颜色除了黄色以外，还有灰色、黑色和绿色等。到了明代，琉璃瓦的颜色主要以黄绿两色为主，而当清朝廷入驻紫禁城后，黄色更被推向了极致。此外，紫禁城屋顶琉璃瓦的颜色也暗合当时的等级划分。明代早期，皇帝专用的颜色为黄色，是权力的象征；文华殿作为太子的学堂，屋顶用的是绿色琉璃瓦，比喻太子可以茁壮成长；而作为"图书馆"的文渊阁，因为不可以失火，所以屋顶采用了"黑色"，配以饰有水纹的绿色剪边，象征"水能克火"，以期永保太平。

明代的京城建筑示意图

有趣的事实→

　　同样是黄色的琉璃瓦，古人却能烧出少黄、中黄和老黄3种颜色呢。其中，少黄颜色最嫩，老黄颜色最深。而在使用的地方，它们也有差别，其中老黄多用在陵墓上，而中黄多用在宫殿上。有兴趣的同学可以到故宫和明十三陵去观察一下那里屋顶的颜色哟。

　　需要知道的是，在明清社会里，官员的住宅和民房是不能使用琉璃瓦的，清朝甚至连郡王以下的府邸都禁止使用琉璃瓦呢。从这里就可以看出，小小的琉璃瓦，其背后的学问也是非常大的哩。

炼稠泥以造砖

　　想要炼泥造砖的话，泥土成色的选择是非常重要的，黏土一般有蓝、白、红、黄这几种颜色，不同颜色的砖最后会用在不同的地方。

▶ 千夫抟埴（tuán zhí）众牛踏

　　制造砖的黏土要以黏而不散为优，土质细并且没有沙的最为适宜。找到黏土以后，要先浇水以浸润泥土，然后再赶几头牛去践踏，把土给踩成稠泥，再把稠泥填满木模子，用铁线弓削平表面。经过前面几道流程以后，再脱下模子，就变成了砖坯啦。

　　砖坯做好以后就可以装窑烧制啦。烧砖的时候，有的是用柴薪窑烧，有的用的就是煤炭窑烧了。用柴烧成的砖一般看起来呈青灰色，而用煤烧成的砖则是呈浅白色。柴薪窑顶上的偏侧通常凿有3个孔用来出烟，当火候已经足够而且不需要再烧柴的时候，就需要用泥封住出烟孔，然后在窑顶浇水，这样砖就会变成青灰色呢。

制作砖坯
示意图

烧砖的火候非常重要。如果火力缺少一成的话，砖就会变得没有光泽；火力缺少三成的话，就会被烧成嫩火砖，现出坯土的原色，日后再经过霜雪风雨侵蚀的话，就会立即松散而重新变回泥土呢。当然，火如果烧得太过的话，也是不好的。如果过火一成，砖面会出现裂纹；过火三成，砖块就会缩小拆裂，变得弯曲不直而且一敲就碎了呢。

如何使砖变成青灰色呢？那就是在窑顶堆砌一个平台。这种平台的四周要稍微高一点儿，再在上面灌上水。每烧1500千克的砖瓦就要灌上40担（旧时的重量单位，一担约等于50千克）左右的水呢。窑顶的水从窑壁的土层慢慢渗透下来，与窑里面的火相互作用。这样借助水和火的配合作用，就可以形成坚实耐用的砖块啦。煤炭窑要比柴薪窑深一倍，顶上的圆拱逐渐缩小，而且不用封顶就可以。窑里面要堆放上直径大约1尺5寸的煤饼，每放一层煤饼，就要再添放上一层砖坯，再在最下层垫上芦苇或者柴草，这样才好引火烧窑呢。

▶ 秦砖汉瓦风尘掩

提到我国古代建筑时，经常用到"秦砖汉瓦"这个词。那么就以铺地砌墙的砖而论，真的是直到秦朝时才发明的吗？难道说先秦时期的君主们一直都居住在夯土为墙、茅草覆顶的简陋宫室里吗？

其实啊，华夏先民早在仰韶文化时期就已经开始使用铺地的砖块啦，并且这种砖还是经过烧制硬化的。只不过那时候的砖大多数用来铺平地面，还不是建筑的主体材料。到了汉朝后期，纯用砖构建的拱券已

你知道吗？

　　"秦砖"以坚固耐用著称，素有"铅砖"的美誉。其颜色青灰、制作规正、浑厚朴实、形式多样，表面上多装饰有花纹图案，以及游猎和宴客等画面。

　　"汉瓦"即汉代的瓦当。古人讲究"藏风纳水"，以"水为财"，而瓦当就是"藏风纳水"最直接的地方。古人选用瓦当，除了保护屋檐外，更重要的是期望能以"青龙、白虎、朱雀、玄武"四神来汇聚风水气运，护佑一家财源广进，积善纳福呢。

经基本代替了早先贵族墓葬里的黄肠题凑（柏木堆垒成的框形结构）等，砖石墓成了东汉以后墓室营建的主流。唐宋以后，室内建筑砌墙用砖的情况才开始逐渐增多。而我们现在所看到的大量用砖的古建筑通常都修建于明清时期，包括用巨大的墙砖包覆着的宏伟城墙甚至长城，它们大都始建于明朝。这主要是因为明清时期各种能用作梁柱的巨木已经变得稀有而贵重，所以无论是皇家宫室、官府衙署、佛道寺观还是民间富贵人家的建筑，都不得不尽量以砖石来作为修建材料的主体。

从这幅清朝的古画中，我们已经能够清楚地看到砖石结构的房屋建筑了

范金合土陶最古

陶器出现的具体年代很难判断出来，不过根据考古资料的推测，大约是从八九千年以前的新石器时代开始的。那时的陶器，由于烧造工艺的不同，出现了红陶、灰陶和黑陶等不同品种。与此同时，为了防止陶器经火烧或者被水浸泡断裂，人们还在泥土中掺入砂子，烧制成了泥质夹砂灰陶和夹砂红陶呢。

商代时青铜器制作成果虽然已经非常辉煌，但是普通人日常生活的主要用具还是以陶器为主，且以灰陶居多。等到了商代后期，白陶和印纹硬陶才有了很大的发展，尤其是以白陶最为精美，纹饰装饰华丽，与青铜器的艺术特点相似，弥足珍贵。同时，还出现了用高岭土作胎施青色釉的原始瓷器呢。西周以后，陶器的种类日益繁多，除了陶制的生活器皿之外，还有砖瓦、陶俑和明器等。到了战国、秦汉时期，制陶业更加繁荣，出现了秦始皇陵兵马俑这类造型精致、阵容宏伟的陶器精品，简直是世间罕有呢。汉代的社会稳定，出现于战国时期的彩绘陶器也得到了发展，釉陶也普遍应用起来。到了东汉晚期至三国以后，瓷器的烧造技术日渐成熟，陶器才逐渐被瓷器所取代，而退居次要地位了。

古代的制陶作坊

▶ 陶器家族

我国古代的陶器主要有汲水器、炊器、酒器、食器、明器、盛贮器等，此外，还有建筑中所用到的陶器呢。古代的陶汲水器主要有小口尖底瓶、彩陶漩涡纹尖底瓶、背水壶等不同的类型。炊器也叫作烹饪器，是古人蒸煮肉食和谷物的用具，主要有甑（zèng）、釜（fǔ）、鬲（lì）、鬶（guī）和鼎（dǐng）等。

这是一件唐三彩陶仕女骑马俑，距今大约有1300多年的历史

鬲是古代一种煮饭的炊器，口圆，三足，中空。这件商代的压印篦纹陶鬲高有20厘米，距今已有3000多年的历史

你知道吗?

这个陶罐上的螺旋图案是用一种叫作滑画的我国古代制陶技艺做成的。

这件新石器时代马家窑文化的陶罐，距今已有5000多年的历史啦！罐体上的几何图案可能代表了一个由鸟的形象转化而来的抽象符号，或许它暗示着氏族图腾，抑或表现着某种自然精神

食器就是古代盛放食物用的器具，主要有盘、碗、钵、豆、簋等。明器主要是放在墓葬中为了慰藉死者灵魂而存在的器物，主要有陶俑和唐三彩等物件。盛贮器是盛器和贮器的合称，常见的有瓮、壶、罐、瓶、尊、盆、缸等。

▶ 制作陶器

→ 淘泥。工匠们通过实验找到适宜的陶土后，将其淘成可用的淘泥。此外还要制造陶车和旋盘。

→ 拉坯。技术熟练的人按照想要制造的陶器的大小而取泥，放上旋盘。扶泥和旋转陶车需要两个人配合，用手一捏而成。制造大口的缸，要先转动陶车分别制成上下

陶车

拉坯

两截然后再接合起来，接合处用木槌内外打紧。制造小口的坛瓮也是由上下两截接合成的，只是里面不便槌打，便预先烧制一个像金刚圈那样的瓦圈承托内壁，外面再用木槌打紧，两截泥坯就会自然地黏合在一起了。

→上釉。精制的陶器里外都会上釉，而粗制的陶器，有的只是下半体上釉。至于沙盆和齿钵之类，里面不上釉，使内壁保持粗涩，以便于研磨；沙煲和瓦罐也不上釉，有利于传热煮食。制造陶釉的原料到处都有，江苏省、浙江省、福建省和广东省用的是一种蕨蓝草。陶坊把蕨蓝草烧成灰，装进布袋里，然后灌水过滤，除去粗的只取其极细的灰末。每两碗灰末，掺一碗红泥水，搅匀，就变成了釉料，将它蘸涂到坯上，烧成后自然就会出现光泽。供朝廷用的龙凤器则用松香和无名异作为釉料。

→烧窑。瓶窑用来烧制小件的陶器，缸窑用来烧制大件的陶器。瓶窑和缸窑都不是建在平地上的，而是必须建在山冈的斜坡上，长的窑有二三十丈，短的窑也有十多丈，几十个窑连接在一起，一个窑比一个窑高。这样依傍山势，既可以避免积水，又可以使火力逐级向上渗透。几十个窑连接起来所烧成的陶器，其中虽然没有什么昂贵

烧窑

的东西，但也是需要好多人合资合力才能做到的。窑顶的圆拱砌成之后，上面要铺一层约3寸厚的细土。窑顶每隔5尺多开一个透烟窗，窑门是在两侧相向而开的。最小的陶件装入最低的窑，最大的缸瓮则装在最高的窑。烧窑是从最低的窑烧起，两个人面对面观察火色。大概烧制陶器65千克，需要用柴50千克。当第一窑火候足够之时，关闭窑门，再烧第二窑，就这样逐窑烧直到最高的窑为止。

白玉金边素瓷胎

　　瓷器的发明是中华民族对世界文明的一大贡献。瓷器和陶器关系亲密，事实上，我国的瓷器就是从陶器发展演变而成的呢。

　　精美的瓷器不仅可以作为生活用品，还可以成为收藏品供人观赏。在挑选瓷器的时候，人们往往会根据自己家里的装修风格，以及个人的喜好进行选择，使之与自己的个性相吻合，能够给人以赏心悦目的感受。现代人如此，古人自然也不会例外呢

▶ 瓷间简史

从商代中期出现原始瓷器，到东汉三国时期青釉瓷器的出现，历经了1600多年的发展变化。这些青瓷加工精细、胎质坚硬，标志着我国的制瓷技术已经进入了一个新时代。到了隋唐时代，逐渐发展成以青瓷、白瓷等单色釉为主的两大瓷系，并产生了刻花、划花、印花、贴花、剔花、透雕镂孔等瓷器花纹的装饰技巧。五代时期，瓷器的制作工艺变得十分高超了，其中以属于北瓷系统的河南柴窑和属于南瓷系统的越窑"秘色瓷器"最为出名。宋代时，闻名中外的名窑有很多，比如耀州窑、磁州窑、景德镇窑、龙泉窑、越窑、建窑，以及被合称为"宋代五大名窑"的汝窑、官窑、哥窑、

知识链接→

白釉瓷器出现的时间相对晚一些，它萌发于南北朝时期，成熟于隋代。到了唐代，瓷器烧成的温度达到了1200℃，瓷的白度也达到了70%以上，几乎接近了现代高级细瓷的标准，真是令人难以置信啊！这一成就也为釉下彩和釉上彩瓷器的发展奠定了基础。

难以置信！

明代的青花瓷器属于"釉下彩"的一种，也就是在坯胎上先画好图案，等到上釉以后再入窑烧炼的彩瓷。其中，著名的白底青花瓷有"影青"，其瓷质极薄，暗雕龙花，表里可以映见，花纹微现青色；还有"霁红瓷"，以瓷色看起来像是雨后的霁色而得名。清乾隆帝曾写诗赞美霁红瓷："晕如雨后霁霞红，出火还加微炙工。世上朱砂非所拟，西方宝石致难同。"

→ 知识链接

　　相传，明朝正德年间，皇宫里派出专使来监督制造皇家使用的瓷器。当时，"宣红"瓷器因为具体制作方法已经失传而无法被造出来，所以承造瓷器的人都担心自己的生命财产难以保全，其中一个人还因为害怕被治罪，就跳进了瓷窑里自焚了。这人死后托梦给别人把"宣红"瓷器终于造成了，于是人们竞相传说发生了"窑变"。实际上，窑变是瓷器在烧制过程中，由于窑内温度发生转变导致表面的釉色发生不确定性的化学反应。这些变化与瓷器的胎质和造型、釉料的化学组成和加工、施釉工艺，以及烧成工艺都有关系。我们的古人在那个时候就已经掌握了控制窑变的技艺，真是不简单呢。

钩窑、定窑等，这些名窑出产的瓷器也都有着它们自己独特的风格呢。明代以后，瓷器在釉色上有了非常大的变化，彩绘瓷成为主流瓷器，其中比较著名的有青花瓷等。"窑变"在这一时期也从单一品种发展为窑变红、窑变绿、窑变紫这3种彩了。清代的制瓷技术可以说是达到了辉煌的境界，主要生产的是"彩瓷"，其中以"珐琅瓷"和"粉彩"最为杰出。

清代乾隆年间的珐琅瓷花瓶，瓶颈与瓶身的连接处装饰着3个公羊头。该瓶满身的装饰图案是通过将铜线焊接到一个金属底座上，先形成一个完整的骨架，然后填满珐琅粉，待烧制后，搪瓷被抛光，使其表面光滑，并在裸露的金属表面镀金得来的

▶ 制作瓷器

→练泥。首先，造瓷器的人取等量的两种瓷土放入臼内舂一天，然后放入缸内用水澄清。此时缸里面浮上来的是细料，需把它倒入另一口缸中，下沉的则是粗料。细料缸中再倒出上浮的部分便是最细料，沉底的是中料。澄过后，分别倒入窑边用砖砌成的长方塘内，借窑的热力吸干水分，然后重新加清水调和造瓷坯。

→拉坯。瓷坯有两种：一种叫作印器坯，另一种叫作圆器坯。印器坯有方有圆，例如瓶、瓮、香炉、瓷盒之类，先用黄泥制成模印，模具或者对半分开，或者上下两截，或者是整个的，将瓷土放入泥模印出瓷坯，再用釉水涂接缝处让两部分合起来，

开采瓷土

烧出时自然就会完美无缝。圆器坯包括大小杯盘之类的日常生活用品，制造时要先做一架陶车。陶车的制作也不难，先用一根直木，埋入地下3尺并将它稳固，露出地面2尺，在上面安装一上一下两个圆盘，用小竹棍拨动盘沿，陶车便会旋转，最后用檀木刻成一个盔帽戴在上盘的正中。

→印坯。塑造杯盘时，用双手捧泥放在盔帽上，拨盘让其转动。然后用剪净指甲的拇指按住泥底，使瓷泥沿着拇指旋转向上展薄，便可捏塑成杯碗的形状。这种技术需要勤学苦练，所谓"熟能生巧"，那些技术纯熟的工匠，即使做了千万个杯碗也都

好像是用同一个模子印出来的呢。在陶车上旋成泥坯之后，把它翻过来罩在盔帽上印一下，稍微晒一会儿，等坯还保持湿润时再印一次，使陶器的形状圆而周正，然后再把它晒得又干又白。

→ 修坯。瓷坯再蘸一次水，带水放在盔帽上用锋利的小刀刮削两次。注意，修坯时执刀必须非常稳，以免造成缺口。

修坯

画坯

→ 画坯。瓷坯修好后就可以在旋转的陶车上画圈，接着，在瓷坯上绘画或写字。

→ 上釉。画好的瓷坯表面还是很粗糙，上好釉后就会变得光滑而明亮了。

你知道吗?

　　在制造"碎器""千钟粟""褐色杯"等这些特殊的瓷器时,都不用上青釉料。"碎器"是一种釉层具有裂纹的瓷器,大约始于宋代,有开片、冰裂、百圾碎等名目。制作"碎器"时,用锋利的小刀修整生坯后,要把它放在阳光下晒得极热,然后在清水中蘸一下随即提起,烧成后自然会呈现裂纹啦。"千钟粟"的花纹表面带有米粒状的凸起,这些是用釉浆快速点染出来的。而"褐色杯"则是生坯在烧制前用老茶叶煎的水一抹而成的。

　　→烧窑。瓷器坯子经过画彩和上釉之后,装入匣钵。匣钵是用粗泥制成的,其中每一个泥饼托住一个瓷坯,底下空的部分用沙子填实。把装满瓷坯的匣钵放入窑后,就可以开始点火烧窑了。

上釉

烧窑

→成瓷。窑一般需要连续烧
24小时，在这个过程中，工匠会用
铁叉取出一个样品来检验火候，当
火候已足够的时候就应该停止烧窑
了。通常制作一个瓷杯，合计要经
过72道工序才能完成，其中许多细
节还没有计算在内呢。

成瓷

"司马光砸缸"之辨

司马光是北宋著名的政治家和文学家，他从小就天资聪颖、勤奋好学、做事用功，长大后不仅做了官，还主持编纂了我国著名的编年体史书《资治通鉴》。关于他的童年成长故事，我们最熟知的莫过于"司马光砸缸"了。这个故事在北宋时期释惠洪的《冷斋夜话》里是这样记载的："群儿戏于庭，庭有大瓮，一儿登之，偶堕瓮水中。群儿皆弃去，公（指司马光）则以石击瓮，水因穴而迸，儿得不死。"有人质疑司马光砸的不是缸，而是一种叫作瓮的容器。那么，瓮和缸有什么区别吗？

当然有了。我们现在都知道，缸和瓮外形是不同的：缸一般体型较大而且较深，从侧面看，它的形状是从底部到缸口逐渐敞开的，缸壁遂呈斜坡状；瓮虽然也有"大肚子"，但是瓮壁会呈现一定的弧度且到了顶部会略有收紧，瓮口既可以比底部稍大，也可以略小一些。

无论司马光砸的是缸还是瓮，对于这个故事而言其实无伤大雅。我们主要还是希望从中能够学到一些有益于成长的智慧，那就是遇到问题时要沉着、冷静、机智，尝试着变换角度、多方位思考问题，同时学会打破常规，寻找更有效的方法，然后果断地采取行动去解决问题。

造纸

宋子曰："物象精华，乾坤微妙，古传今而华达夷，使后起含生，目授而心识之，承载者以何物哉？君与民通，师将弟命，冯（通凭）藉咕咕口语，其与几何？持寸符，握半卷，终事诠旨，风行而冰释焉。覆载之间之藉有楮先生也，圣顽咸嘉赖之矣。身为竹骨与木皮，杀其青而白乃见，万卷百家基从此起。其精在此，而其粗效于障风、护物之间。事已开于上古，而使汉、晋时人擅名记者，何其陋哉！"

纸从何而来

寒溪浸楮春夜月，敲冰举帘匀割脂。

焙乾坚滑若铺玉，一幅百钱曾不疑。

　　这是北宋诗人梅尧臣的一首诗的节选，诗中描绘的正是古代造纸技术的主要工序。

　　在现代人的日常生活中，纸几乎可以说是不可缺少的重要物品啦，如果没有纸的话，人们可真是不知道要怎么过日子了呢。小到卫生纸，大到报纸，各式各样的纸为我们的生活带来了极大的便利，尤其是在沟通和传递信息等方面。不过，古代最早的时候其实是没有纸的，大多书写在竹片上，一直到了后来才开始有了纸的出现呢。下面宋老师就带着大家一起来了解一下古代纸的制造过程。

纸店

首先，纸的原料其实也是各种各样的。比如说，用楮（chǔ）树皮、桑树的第二层皮和木芙蓉的韧皮等原料造出来的纸叫作皮纸，而用竹麻造的纸则被叫作竹纸。当然啦，制造出来的纸在质量上差别很大，用途也是各不相同呢。那些精细的纸往往非常洁白，可以用来书写、印刷和制束帖；而粗糙的纸则大多用来制作火纸和包装纸啦。

▶ 阑珊竹纸行行墨

➡砍竹。竹纸是南方制造的，尤其以福建省为最多。当竹笋生出以后，人们要到山上去观察竹林的长势，而那些将要生出枝叶的嫩竹恰巧是造竹纸的上等材料哩。每年到芒种节令的时候，人们就可以上山砍竹了。

砍竹

杀青

➡杀青。人们通常会把嫩竹子给截成5～7尺的一段，就地开上一口山塘，灌水漂浸。而且，为了避免塘水的干涸，人们还要用竹制的导管引水滚滚流入呢。浸泡100天以后，人们再把竹子给取出来，用木棒进行敲打，最后再洗掉粗壳与青皮，这一阶段就算完工啦。

→煮沥。这个时候的竹穰看起来就像是苎麻一样，接下来再用优质的石灰调成乳液拌和，放到楻桶里煮上8天8夜左右就差不多了。对于煮竹子的锅，也是有具体要求的呢。锅的直径一般要求4尺左右，煮之前要用黏土调石灰封固锅的边沿，然后再在上面盖上周长大约1丈5尺、直径4尺多的楻桶。接下来就是把竹料加到锅和楻桶中去煮了。停止加热一天后，揭开楻桶，取出竹麻，放到清水塘里漂洗干净。漂塘底部和四周都要用木板合缝砌好，从而防止竹麻沾染泥污。竹麻洗净之后，用柴灰水浸透，再放入锅内按平，铺1寸左右厚的稻草灰。煮沸之后，再把

○ 煮沥

竹麻移入到另外一个桶里面，继续用草木灰水淋洗。等到草木灰水冷却以后，还要经过煮沸再淋洗。这样经过十多天，竹麻自然就会腐烂发臭了。接下来，把它拿出来放入臼内，舂成泥状，再倒入抄纸槽内。

→抄纸。抄纸的槽看起来就像是个方斗，它的大小通常是要根据抄纸帘来确定的，而抄纸帘又是由纸张的大小来确定的，可真是神奇呢。抄纸槽里还要放置清水，水面要高出竹浆约3寸左右，再加入纸

○ 抄纸

药水汁。抄纸帘是用刮磨得非常细的竹丝编造而成的，展开时下面会有木框给托住。两只手拿着抄纸帘放到水里以后，通过荡起竹浆来让它们进入抄纸帘里。纸的厚薄是可以由人的手法来调控和掌握的：轻轻地荡纸就会比较薄，但如果荡得太重纸就会变得比较厚啦。接下来，提起抄纸帘，水便从帘眼淋回抄纸槽，然后把帘网翻转，让纸落到木板上，就可以叠积成千上万张纸啦。

挤水

→挤水。等到纸的数目足够了，就压上一块木板，捆上插进棍子的绳子，接着绞紧，再用类似榨酒的方法把水分给压干，然后用小铜镊把纸逐张揭起并烘干，这一步就完成啦。

烘焙

→烘焙。烘焙纸张的时候，要先用土砖砌成两堵墙形成夹巷，底下用砖盖火道，夹巷之内盖的砖块每隔几块就留出一个空位。火从巷头的炉口燃烧，热气从留空的砖缝中透出并且逐渐充满整个夹巷，等到夹巷外壁的砖都烧热时，就把湿纸逐张贴上去焙干，再揭下来放成一叠，这些纸就完工啦。

▶ 昌溪万碓捣白楮

"白楮"指的就是白皮纸。

对于皮纸，顾名思义，其实就是用树皮制造而成的纸啦。造皮纸用得最多的树其实是楮树，而剥取楮树皮的最佳时间其实是在春末夏初。制造皮纸的话，一般要用30千克左右的楮树皮，再加上20千克左右的嫩竹麻，一起放在池塘里漂浸，然后再涂上石灰浆，放到锅里煮烂。而后面的工序则和造竹纸是一样的。坚固的皮纸，扯断的话纵纹看起来会像丝绵一样，因此又叫作绵纸，而要想把它横向扯断的话，那可就更加不容易啦。

除了前面提到的以外，用木芙蓉等树皮造的纸都叫作小皮纸，在江

知识加油站→

薛涛(770—832)，祖籍长安（现在的西安），自幼随父亲住在成都，她不但会作诗，还擅长书法，每天都要和纸墨打交道，因此对纸的要求也特别高。但是，当时的成都市场上没有薛涛想要的那种纸，好在成都地区盛产竹、麻、木芙蓉等，又有水质极好的浣花溪，于是她就自己办起了造纸作坊。她生产出来的彩色笺纸，不仅色彩斑斓、精致玲珑，而且质地优良，人称"薛涛笺"，又名"松花笺"。

西省则叫作中夹纸。还有用桑皮造的纸叫作桑穰纸，纸质特别厚，是浙江省东部出产的，江浙一带收蚕种的时候都必定会用到它呢。糊雨伞和油扇都要用小皮纸。另外，凡是用来绘画和写条幅的皮纸，都要先用明矾水浸过以后，才不会起毛呢。贴近竹帘的一面为纸的正面，因为料泥都浮在上面，所以纸的反面就比较粗啦。可见，造纸也是一项十分精细的活计呢！

蔡侯纸左伯驰

蔡伦（61—121）是东汉时期桂阳郡（现在的湖南省郴州市）人，他善于分析总结前人的经验，用树皮、麻头、破布等原料经过挫、捣、抄、烘等工艺进行造纸。蔡伦改革和推广造纸术，为中华文化的进步做出了极大的贡献，因此，他造出的纸也被称为"蔡侯纸"。

蔡伦死后大约80年，东莱（现在的山东省莱州市）又出了一位造纸的能手，名叫左伯（165—226）。他以麻料和当地丰富的桑皮作为原料，造出来的纸薄厚均匀、质地细密、色泽鲜明，被人们称为"左伯纸"。后人在提到纸的起源史时，往往将左伯与蔡伦并列。

中国造纸术的活化石——宣纸

民间相传，东汉造纸家蔡伦死后，他的弟子孔丹在皖南的宣城、池州等地以造纸为业，他很想造出一种世上最好的纸，以告慰师傅的在天之灵。为此，他年复一年地试验，却总是难以如愿。直到有一天，他在溪水边偶然看见一棵古老的青檀树倒在水里，因为经年累月的日晒水洗，树皮早已腐烂，露出里面一缕缕修长洁净的纤维来。孔丹试着将这些纤维取出来造纸。经过反复试验，他终于造出了一种质地绝妙的纸来，这便是后来赫赫有名的宣纸。

宣纸的成功，除了有好的原料、适宜的气候外，繁复的制作工艺也是其被称为"纸中之王"的秘诀呢。宣纸以青檀树的树干和长秆水稻的茎秆为原料，配合乌溪上游两条支流里的清水（一条水质呈弱碱性，另一条水质呈弱酸性），再经过140多道工序才成就了其质地纯白细密、纹理清晰、绵软坚韧、百折不损、光而不滑、吸水润墨、防腐防蛀的特点，也才有了宣纸"寿长千年"的美誉。直到现在，高级宣纸的制作仍然无法用机器来代替，只能通过手工才能够完成。这项特殊的造纸技艺已经成为我国的国家级非物质文化遗产啦。

丹青

宋子曰："斯文千古之不坠也，注玄尚白，其功孰与京哉？离火红而至黑孕其中，水银白而至红呈其变。造化炉锤，思议何所容也。五章遥降，朱临墨而大号彰。万卷横披，墨得朱而天章焕。文房异宝，珠玉何为？至画工肖像万物，或取本姿，或从配合，而色色咸备焉。夫亦依坎附离，而共呈五行变态，非至神孰能与于斯哉？"

信息的传递与表达，除了需要纸以外，还要有可以显现在纸上的物质。白纸上当然是黑字最醒目啦。一般来说，古时候的人们在学写书法时，总要先用一条黑黑的墨磨出些水来，再用毛笔蘸黑墨水写字。那么，墨是怎么做出来的呢？纸除了写字外还可以用来绘画，而这些颜料，尤其是中国人最喜欢的红色，又是怎么得到的呢？

接下来，宋老师就带着同学们一起了解一下吧！

鼎内朱砂烹练就

首先呀，我们来看一看古代绘画里最常见的"朱红色"，也就是朱砂，究竟是怎么生产出来的。

朱砂是一种天然矿石，它既可以入药，还可以做颜料。事实上，朱砂、水银和银朱本来都是同一类东西，之所以名称不同，主要是由于其中精与粗、老与嫩等的差别

→ **知识链接**

朱砂，古时候以辰州出产的最为有名，所以又称辰砂。清朝时期，辰州府下辖现在的湖南省沅陵、泸溪、辰溪、溆浦4个县。民国时期，辰州府废止。

朱砂

而已。上等的朱砂，主要生产在湖南省西部的辰水和锦江流域及四川西部地区，这种朱砂里面虽然包含着水银，但人们一般不会用它们来炼取水银，这是因为光明砂、箭镞砂、镜面砂等这些上等的朱砂价钱可是要比水银贵上3倍呢。所以，如果把它们炼成水银，反而会降低它们的身价哩。只有那些粗糙的或低等的朱砂才会被用来提炼水银，再由水银炼成银朱。

要找到上等的朱砂矿，通常要挖上十多丈深的土才可以。当要

古人提炼朱砂示意图

发现矿苗的时候，首先会看见一堆白色的石头，这些石头就叫作朱砂床。靠近床的朱砂，有的甚至可以达到鸡蛋那样的大小。不过，那些次等的朱砂矿通常不一定会有白石矿苗，而且只要挖到几丈深就可以直接得到了。次等的朱砂，矿床外面会掺杂着青黄色的石块或者沙土，而且由于土中蕴藏着朱砂，这些石块或者沙土大多会自行裂

这是一件清代乾隆年间的雕花鼻烟壶，它造型圆润、图案精美、刀法细腻，外面施以鲜艳的大红朱砂漆，寓意吉祥喜庆

成语大串烧→

"滴露研朱"即滴水研磨朱砂，指用朱笔评校书籍。明朝叶宪祖在《鸾𬘘记·品诗》中说："滴露研朱非草草，从容鉴定庶无尤。"意思是说，评校书籍不能草率，从容鉴定才能没有过失。

古人提炼朱砂示意图

开。这种次等的朱砂除了贵州省东部的思南、印江和铜仁等地最为常见外，在陕西省的商洛市、甘肃省的天水市一带也常常能见到，它们一般不会被拿来配药，只能研磨成粉供绘画或者炼水银用而已。

对于那些次等的朱砂，如果它的砂质虽然很嫩但是其中有红光闪烁的话，可以用大铁槽先把它们碾成尘粉，再放入到缸里用清水浸泡上3天3夜，然后通过摇荡的方式把那些上浮的砂石倒入别的缸里，这些就是"二朱"了；而把那些下沉的砂石取出来晒干的话，就制成"头朱"啦。

知识链接→

"头朱"和"二朱"都指的是朱砂颜色的深浅，如果细分的话，朱砂甚至可以分成15种颜色之多呢。

伏虎朱砂匮水银

　　那么，升炼水银需要经过哪些步骤呢？首先要用嫩白的次等朱砂或者缸中倾出的"二朱"，加上水搓成很粗的条状，再盘起来放到锅里去。锅的上面还要倒扣上另一只锅，在锅顶留一个小孔，两只锅的接缝处要用盐泥加固密封。锅顶上的小孔是和一支弯曲的铁管相连接的，铁管通身要用麻绳缠绕紧密，并且涂上盐泥加固，这样才能使每个接口处没有丝毫的漏气呢。曲管的另一端则是通到装有水的罐子里面，这样就可以使熔炼锅里的气体只能到达罐子里的水面就停下啦。接下来，人们需要在锅底下起火加热，煅烧10个钟头左右，朱砂就会全部化为水银布满整个锅壁了。等到冷却一天以后，再取出水银扫进容器中就完成啦。

古人升炼水
银示意图

银朱灵砂心红水

　　用水银炼出来的朱砂就叫作银朱。提炼的时候，要用一个开口的泥罐子或者用上下两只锅。500克水银都要加入1千克左右的硫黄一起研磨，一直磨到看不见水银的亮斑为止，并且炒成青黑色，再装到罐子里去。罐子的口要用铁盏给盖好，盏上则要压1根铁尺，并且用铁线兜底把罐子和铁盏绑紧，然后用盐泥封上口，再用3根铁棒插在地上用以承托泥罐。至于烧火加热的时间，一般是需要燃完3炷香左右（古时候的一炷香大约燃烧30分钟）就可以了。在这个过程中，人们还要不断地用废毛笔蘸上水来擦拭铁盏面，如此水银便会变成银朱粉而凝结在罐子壁上，而且贴近罐口的银朱色泽

古人升炼银
朱示意图

还会更加鲜艳哩。等到冷却之后，人们再揭开铁盏的封口，把银朱给刮扫下来就好啦。剩下的硫黄等到沉到罐底以后，还可以取出来再用呢。通常情况下，500克水银大约可以炼成上等的朱砂522克、次等的朱砂130克呢，其中多出来的重量主要是由硫黄的硫质产生的。

　　用这种方法升炼而成的朱砂其实跟天然朱砂在功用上是差不多的，但是皇家贵族在绘画的时候，仍然喜欢用天然朱砂直接研磨而成的粉末，而不用升炼成的银朱粉。书房里用到的朱砂通常需要胶合成条块状，后面使用的时候，只要在石砚上慢慢地研磨就能显出原来的鲜红色啦。

墨带残膏浓复淡

我们常说水墨丹青，那么作为古代书写的最基本材料——"墨"，又是怎么产生的呢？

墨是由烟（炭黑）和胶二者结合而成的。古时候，用松烟做墨的占到总数的十分之九，而用桐油、清油或者猪油等烧成的烟来做墨的，大约占到总数的十分之一。

一般来说，燃油取烟的话，500克油大约可以获得40克的上等烟呢。而且，如果手脚麻利的话，一个人甚至可以照管200多副专门用来收集烟的灯盏哩。可见，做烟并不需要消耗太多的精力。不过，有一点需要注意的是，如果没有及时刮取烟灰的话，烟就会因

流掉松脂

为过火而质量下降，从而造成油料和时间的浪费呢。而其他一些常见的墨，则大都是用松烟制作而成的，先使松树中的松脂流掉，然后再进行砍伐。

那么，要怎么做才能**流掉松脂**呢？最常见的方法就是，先在松树干接近根部的地方凿一个小孔，然后点灯慢慢地进行燃烧，这样，整棵树上的松脂就会朝着这个温暖的小孔倾流出来啦。

烧松木取烟的时候，首先要把松木给砍成一定的尺寸，并且在地上用竹篾子搭出来一个圆拱篷，就像小船上的遮雨篷那样，逐节连接成长达10多丈的长度，而且要注意的是，它的内外和接口部分都要用纸和草席糊紧密封起来。每隔几节，再留出一个出烟的小孔，竹篷和地接触的地方要盖上泥土，并且在篷内砌砖的时候就要预先设计好一个通烟的火路。让松木在里面一连烧上好几天，等到冷却以后，人们就可以刮取啦。烧松烟的时候，放火通烟的操作顺序是要从篷头弥散到篷尾的。从那靠尾的一二节里取出来的烟叫作清烟，这种清烟可是制作优质墨非常好的原料呢；从中节取出来的烟叫作混烟，一般用来做普通的墨料；从靠近头部的一二节中取出来

松烟灯

收取松烟

把松烟与胶调和后再
用锤子不停地敲打

的烟则叫作烟子，品质不太好，只能卖给印书的店家，要磨细以后才能用呢；其他的就留给漆工、粉刷工作为黑色颜料使用就好啦。

造墨用的松烟，如果放在水中长时间浸泡的话，其中那些精细而纯粹的部分就会漂浮在上面，而粗糙且稠厚的部分则会沉在下面。和胶调在一起，等到固结以后再用锤子敲它，就可以根据敲出的多少来区别墨的坚脆。至于在松烟或者油烟中刻上金字或加入麝香之类的珍贵原料，加入量的多少可以由人自行决定。

丹青玄黄琦玮色

提起国画中用到的颜料呢，相信很多人都非常清楚。一般来说，古代中国画的颜料主要分为两种：一种被称为石料，既有各种矿物质所磨出来的物质，也有金属的粉末；另

石色

一种被称为水料，就是提炼于各种植物枝叶中的水分，也称为"水色"。

制作矿石颜料时，首先要把矿石进行粉碎，然后再研磨，最后进行漂洗。这样制作出来的颜料被称为"石色"，具有色值稳定、颜色明亮、覆

盖力强的特性。由于不同矿石的提炼方法有所不同，我们古代智慧的先人就通过种种复杂的调制方式，生产出不同的颜色来，才让中国古画的整个画面看起来更加层次丰富。

　　金属颜料大多数是由纯金或者纯银制成的（如下图中的华表、桥栏所示），当然价格也是非常的昂贵。但是这种金属制成的颜色，能在画中显示出最为点睛一笔的色彩，也算是物有所值了吧。我国最早使用金属颜料作画的历史已经无法考究，但是到了唐代，使用金属颜料作画就已经很常见了。

　　除了矿石颜料以外，水料也是我国古画的主要颜料来源。它们的颜色看起来比较清淡透明，适合多层晕染。而我国古画讲究的层层推进，就是用石色和水色互相勾兑，虚中有实，实中有虚，层层叠叠，实在是令人心折呢。从植物中衍生出来的色泽也有很多，但大部分还是黄色、青色，少数的胭脂色或者红色也是可以从植物中提取出来的。

天然的矿石原料在经过加热之后颜色会发生变化，所以古人在掌握了这个特性后，就会对颜料进行烧制，制造出颜色深浅不一的颜料来。然而有的矿物质材料比较特殊，它们在加热的时候会呈现出其他的颜色，一旦温度降回来，就又会恢复自己本身的颜色。还有一些矿物质本身含有剧毒的成分，在烧制的时候就会挥发出来，所以大多数人也不会对其进行提炼。不同的矿石提炼方法也都是不同的，我们那些智慧的先人，就是通过种种复杂的调制方式才生产出不同的颜料来，让中国的古画呈现出丰富多彩的色泽变化。

燔石

宋子曰："五行之内，土为万物之母。子之贵者，岂惟五金哉。金与火相守而流，功用谓莫尚焉矣。石得燔而成功，盖愈出而愈奇焉。水浸淫而败物，有隙必攻，所谓不遗丝发者。调和一物以为外拒，漂海则冲洋澜，粘甃则固城雄。不烦历候远涉，而至宝得焉。燔石之功，殆莫之与京矣。至于矾现五色之形，硫为群石之将，皆变化于烈火。巧极丹铅炉火，方士纵焦劳唇舌，何尝肖像天工之万一哉！"

合水和泥做一回

　　石灰是由石灰石经过烈火煅烧而成的，一旦成形后，即便遇到水也不会变坏。古时候，船只、墙壁等，凡是需要填隙防水的，一定会用到它。石灰也很好取得，方圆百里之内必定会有可供煅烧石灰的石头。这种石灰石以青色为最好，黄白色的则差些。石灰石一般埋在地下二三尺，可以挖取进行煅烧，但表面已经风化的石灰石就不能用了。煅烧石灰的燃料，用煤炭的约占十分之九，用柴炭的约占十分之一。先把煤掺和泥做成煤饼，然后一层煤饼一层石相间着堆砌，底下铺柴引燃煅烧。火候足后，石头就会变脆，放在空气中会慢慢风化成粉末。着急用的时候洒上水，也会自动散开。这样烧出来的石灰，质量最好的叫作矿灰，最差的叫作窑滓灰。

你知道吗？

　　我国是世界上石灰岩矿资源丰富的国家之一，除了上海、香港、澳门外，其他地方均有分布，其中，陕西省的保有储量为最多。实际上，我国在公元前7世纪的时候就已经发现并开始使用石灰了。比如，秦始皇几乎动用了全国的力量来修筑万里长城，偌大的砖块被垒成了城墙，在没有水泥的时代，如何才能保证其不倒呢？原来，聪明的古人在筑墙时把熟石灰、糯米、碎沙石混合在一起，制成了一种非常原始但是非常实用的黏合剂，灌进城砖的缝隙里，从而创造了万里长城历经2000多年而不倒的奇迹呢。

煅烧石灰示
意图

　　石灰的用途有很多，它与桐油、鱼油调拌后加上舂烂的厚绢、细罗，能用来塞补船缝；用来砌墙时，则要先筛去石块，再用水调匀黏合；用来砌砖铺地面时，则仍用油灰；用来粉刷或者涂抹墙壁时，则要先将石灰水澄清，再加入纸筋，然后涂抹；用来造坟墓或者建蓄水池时，则是一份石灰加两份河沙和黄泥，再用粳糯米饭和猕猴桃汁拌匀，不必夯打便很坚固，永远不会损坏，这就叫作“三合土”。此外，石灰还可以用于染色业和造纸业，其用途繁多而难以一一列举。

　　另外，在温州、台州、福州、广州一带的沿海地区，即便那里的石头不能用来煅烧石灰，也可以寻找天然的牡蛎壳来代替它。这种用牡蛎壳烧出来的可以代替石灰的东西叫作“蛎灰”。

古人烧制"蛎灰"
示意图

科学小博士

　　"蛎灰"俗名白玉，是我国沿海地区的一种重要的传统建筑材料。那么，你知道制造"蛎灰"主要是使用了牡蛎壳里的哪个成分吗？其实啊，牡蛎壳里含有大量的碳酸钙，而这正好是石灰的主要成分呢！另外，也是因为含有碳酸钙，牡蛎壳还可以入药，起到收敛、制酸、止痛的作用，有利于胃及十二指肠溃疡的愈合呢。是不是很神奇？

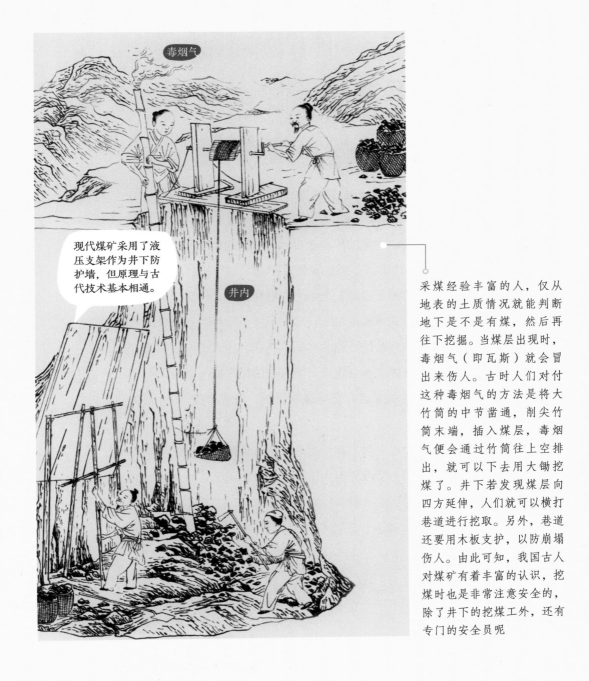

采煤经验丰富的人，仅从地表的土质情况就能判断地下是不是有煤，然后再往下挖掘。当煤层出现时，毒烟气（即瓦斯）就会冒出来伤人。古时人们对付这种毒烟气的方法是将大竹筒的中节凿通，削尖竹筒末端，插入煤层，毒烟气便会通过竹筒往上空排出，就可以下去用大锄挖煤了。井下若发现煤层向四方延伸，人们就可以横打巷道进行挖取。另外，巷道还要用木板支护，以防崩塌伤人。由此可知，我国古人对煤矿有着丰富的认识，挖煤时也是非常注意安全的，除了井下的挖煤工外，还有专门的安全员呢

凿开混沌得乌金

"乌金"就是煤炭，各地都有出产，供冶金和烧石之用。南方不生长草木的秃山底下便有煤，北方却不一定是这样。煤大致有3种：明煤、碎煤和末煤。明煤块头大，有的像米斗那样大，产于河北省、山东省、陕西省和山西省。明煤不必用风箱鼓风，只需加入少量木炭引燃，便能日夜炽烈地燃烧。明煤的碎屑也可以用干净的黄土调水做成煤饼来烧。碎煤有2种，多产于江苏省、安徽省和湖北省等地。碎煤燃烧时，火焰高的叫作饭炭，用来煮饭；火焰平的叫作铁炭，用于冶炼。碎煤先用水浇湿，入炉后再鼓风才能烧红，以后只要不断添煤，便可继续燃烧。末煤呈粉状的叫作自来风，用泥水调成饼状，放入炉内，点燃之后，便和明煤一样，日夜燃烧不会熄灭。末煤有的用来烧火做饭，有的用来炼铜、熔化矿石及升炼朱砂。至于烧制石灰、矾或者硫，上述3种煤都可使用。

煤层底板或者围岩中有一种石卵，当地人称其为铜炭，可以用来烧取皂矾和硫黄。而只能用来烧取硫黄的铜炭，气味特别臭，叫作臭煤，在北京的房山、河北省的固安、湖北省的荆州等地有时还可以采到。

煤是自然界中介于金属与土石之间的特殊品种，它不会产于草木茂盛的地方，可见自然界安排得十分巧妙哩。

荣州（古地名）土硫黄。据《本草纲目》记载，凡是产石硫黄的地方，必然会有温泉，且伴随着硫黄气体

阳潜深地液硫黄

　　硫黄是由烧炼矿石时得到的液体经过冷却后凝结而成的，过去的著书者误以为硫黄都是煅烧矾石而取得的，就把它叫作矾液。事实上，煅烧硫黄的原料，有的是来自当地特产的白石，有的是来自煤矿煅烧矾石，矾液的说法也就是这样混杂进来的。又有人说凡是有温泉的地方就一定会有硫黄，但在东南沿海一带出产硫黄的地方并没有温泉，这一说法可能是因为温泉的气味很像硫黄吧。

烧取硫黄的大致步骤是：先用煤饼包裹矿石并堆垒起来，外面用泥土夯实并建造熔炉。炉上用烧硫黄的旧渣掩盖，炉顶中间隆起，空出一个圆孔。燃烧到一定程度，炉孔内便会有金黄色的气体冒出。预先请陶工烧制一个中部隆起的盂钵，其边缘向内卷成像鱼袋形状的凹槽。烧硫黄时要将盂钵覆盖在炉孔上，待黄色的蒸气沿着炉孔上升时，就会被盂钵挡住而不能跑掉，于是便冷凝成液体，沿着盂钵的内壁流入凹槽，又透过小孔沿着冷却管道流进小池子，最终凝结成固体的硫黄。

我们曾经说过，制造火药的主要原料就是硫黄和硝石，硫黄属于易燃之物，硝石则能起到助燃的作用，这两种物质在燃烧时相互作用能引起爆炸，产生巨大的声响，这可真是自然界变化出来的奇物呢。

知识链接！→

硝石有多种，可以呈现出无色、白色或者灰色结晶状形态，有玻璃般的光泽。硝石通常可用于配制颜料、制造火药（诸如火柴、烟火等），或者是用来制造玻璃、入中药，用途还是非常广泛的呢。

卷弦向内

注黄

烧取硫黄

上彻白矾下沉沙

　　白矾是明矾的别称，是由矾石烧制而成的。白矾到处都有，价钱也十分便宜。白矾可以用来制蜜饯、染东西。此外，用干燥的白矾粉末撒在患处，能治疗湿疹和疱疮等病症，因此白矾也是皮肤科急需的药品。

　　烧制前，要先挖取矾石，然后用煤饼逐层垒积再行烧炼。等到火候已足的时候，让它自然冷却，再放入水中进行溶解。然后将水溶液煮沸，当看见有一些俗名叫作"蝴蝶矾"的东西飞溅出来之时，白矾便可算制成功了。进一步蒸发掉多余的水分后要将浓汁装入缸内澄清，上面凝结的一层，颜色非常洁白，叫作吊矾；沉淀在缸底的叫作缸矾；质地轻如棉絮的叫作柳絮矾。待溶液彻底蒸发干之后，剩下的便是雪白的巴石。经制药师傅煅制后用来当作药的，叫作枯矾。

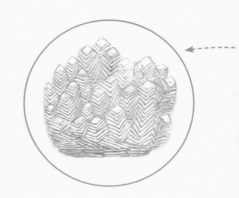

◦ 古法烧制白矾的示意图

趣味转移

　　矾石经过煅烧能够呈现5种颜色，除了白矾以外，还有青矾（又名皂矾）、红矾、黄矾和胆矾（绿色）。胆矾又叫作石胆，其在山崖洞穴中自然结晶，因此它的绿色具有宝石般的光泽。将烧红的铁器淬入胆矾水中，铁器就会立刻现出黄铜一般的颜色呢。

制取胆矾示意图